私享家
…
ENJOY LIFE

启焙

40 天烘焙速成课

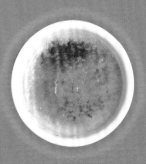

黎国雄 ——

主编

U0208986

中国轻工业出版社

图书在版编目（CIP）数据

启焙：40天烘焙速成课 / 黎国雄主编 . -- 北京 ：
中国轻工业出版社，2019.1

ISBN 978-7-5184-2234-0

Ⅰ．①启… Ⅱ．①黎… Ⅲ．①烘焙—糕点加工 Ⅳ．
① TS213.2

中国版本图书馆 CIP 数据核字（2018）第 261773 号

责任编辑：朱启铭　　刘凯磊

策划编辑：朱启铭　　　　责任终审：劳国强　　　　封面设计：奇文云海
版式设计：金版文化　　　责任监印：张京华
图文制作：深圳市金版文化发展股份有限公司

出版发行：中国轻工业出版社（北京东长安街 6 号，邮编：100740）
印　　刷：北京博海升彩色印刷有限公司
经　　销：各地新华书店
版　　次：2019 年 1 月第 1 版第 1 次印刷
开　　本：720×1000　　1/16　　印张：14
字　　数：200 千字
书　　号：ISBN 978-7-5184-2234-0　　　　定价：48.00 元
邮购电话：010-65241695
发行电话：010-85119835　　传真：010-85113293
网　　址：http://www.chlip.com.cn
Email:club@chlip.com.cn
如发现图书残缺请直接与我社邮购联系调换
170388S1X101ZBW

前言 PREFACE

烘焙是一件小事，也是一件趣事，它将一些看似没有关联的小食物结合起来，通过简单的几步造就出一种烘焙的艺术。

说烘焙简单，也只是说烘焙的步骤简单，真正做起来却百般困难。曾经亲眼看到过烘焙师们因为作品失败而黯然神伤，也目睹过他们看到完美成品出炉时的满心欢喜，那时候并不明白他们为何神伤，又为何欢喜。

看得多了，也看懂了烘焙，堪称艺术的烘焙食物是存在的，这里的艺术当然不是画家笔下的春秋艺术，而是一个完美的成品。那么，"完美"又该如何定义？

就拿本书里的海绵蛋糕来说，烘烤的时间很重要，时间多一分钟，甚至几十秒，它的颜色就会有所改变。一个完美的海绵蛋糕应是金黄稍亮的颜色，晚几十秒之后，它就会变成金黄稍暗的颜色，而且蛋糕体还会有所塌陷，口感就会稍逊。

很多人都深有体会，自己做的烘焙小甜点远不如甜品店里的

好看和美味，这究竟是为什么呢？难道真的是自己学艺不精，没有领悟到烘焙的精髓吗？

这只说对了一半，没有学过烘焙的人确实很难领悟到烘焙的精髓。另一个重要的原因就是：在家里学做烘焙的朋友经常是在网上搜一些步骤，但是有些并不适合刚接触烘焙的人，因为你并不知道它的难易程度如何，所以经常做出来的成品就是不如别人的好看，也不如别人的好吃。

学习烘焙是一个循序渐进的过程，应该由浅入深，才能熟练掌握。本书就是一本从简单到复杂，从朴实到华丽的技能提升书，它从第 1 天讲到第 40 天，每一章都有对基础知识的深入讲解，每一天都是对前一天的升华。

目录

CONTENTS

第2章 烘焙技能进阶课

第3章 烘焙制作毕业课

第**4**章 玩转烘焙创意课

第 1 章
烘焙基础课

　　烘焙是一门需要不断提高的技艺，要学好烘焙应循序渐进、持续不断地摸索，这就要求我们从最基础的部分做起。我们可以先学习制作简单的烘焙食物，只有把基础打牢固，层层深入，方能领悟个中奥妙，做出自己心目中的烘焙食物。

制作面包的基础材料

　　面粉、水、酵母、盐是制作面包的基础材料，几乎任何一款面包都少不了这些材料，那么它们在制作面包时都分别起到哪些作用呢？

面包就是以黑麦、小麦等粮食作物为基本原料，先磨成粉，再加入水、盐、酵母等和面并制成面团坯料，然后再以烘、烤、蒸或煎等方式加热制成的食品。

面粉：面粉形成面包的组织结构。它的蛋白质经加水搅拌后形成面筋，起到面包组织的骨架作用；另外，面粉中的淀粉吸水膨胀，并在适当温度下糊化，固定成形。

盐：盐可以增加面包的风味，还能够强化面筋，使面筋质地变密，增加弹性，从而增加面筋的筋力。

水：水是形成面筋和酵母发酵活动不可缺少的物质。面团中的蛋白质吸收水分，形成面筋，因此，使用的面粉蛋白质含量越高，配方中需要的水分就越多。

酵母：酵母是活性物质，在适当温度、湿度下活性较强，它们分解面团中的糖类，生成二氧化碳和乙醇，使面团膨胀。市面上的酵母有天然酵母、活性干酵母等。

面团的制作

面团的搅拌

面团的搅拌就是我们俗称的"揉面"，目的是使面筋形成。面粉加水以后，通过不断地搅拌，面粉中的蛋白质会渐渐聚集起来，形成面筋。搅拌得越久，面筋形成越多。面筋的多少决定了面包的组织是否够细腻。面筋少，则组织粗糙，气孔大；面筋多，则组织细腻，气孔小。

面团的摔打

摔打时手拉住一部分面团，将另一部分面团折叠，再摔打在面板上，要反复摔打，摔打的过程中面团要反复拉伸，这样有助于面团更好地延展，使面团变光滑，筋度增强。

面团的发酵

发酵分为一次发酵、中间发酵和二次发酵。

一次发酵：普通面包的面团，一般能发酵到 2 ~ 2.5 倍大，用手指沾面粉，在面团上戳一个洞，洞口不会回缩即可（如果洞口周围的面团塌陷，则表示发酵过度）。一般来说，普通的面团在 28℃的环境里，需要发酵 1 小时左右。如果温度过高或过低，则要相应缩短或延长发酵时间。

中间发酵：把面团排气，然后分割成需要的大小，揉成光滑的小圆球状，进行中间发酵，又叫醒发。如果不经过醒发，面团会非常难以伸展，给面团的整形带来麻烦。中间发酵在室温下进行即可，一般为 15 分钟。

> **二次发酵:** 一般要求在38℃左右的温度下进行。为了保持面团表皮不失水，同时要具有85%以上的湿度。怎么保持这个温度和湿度条件呢？在家制作中可以将面团在烤盘上排好后，放入烤箱，在烤箱底部放一盘开水，关上烤箱门，水蒸气会在烤箱这个密闭的空间营造出需要的温度与湿度。使用这个方法的时候需要注意，开水会逐渐冷却，如果发酵没有完全，需要及时更换。二次发酵一般需40分钟左右，发酵至面团变成原来的两倍大即可。

值得注意的是，我们在掌握了面团制作的基础上，还可以适当地添加和减少主、辅材料，比如在制作面团时加入鸡蛋、牛奶、蜂蜜、奶酪、白砂糖等不同的辅料，同时就减少面粉的用量，通过这样的调整，可以做出不同味道的面包。

奶油种类及其应用

奶油又称淇淋、激凌、克林姆，是从牛奶、羊奶中提取的黄色或白色脂肪性半固体食品，是由未均质化之前的生牛乳顶层的牛奶脂肪含量较高的一层制得的乳制品。

植脂奶油

植脂奶油是从植物中提炼的物质，由人工合成，近似奶油口感。与我们通常食用的"牛奶"没有关系，它相对动物脂（淡）奶油，不容易融化，不易被人体吸收，但稳定性好，所以裱花效果较好。

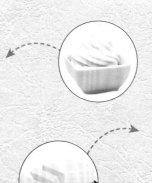

动物脂（淡）奶油

动物脂（淡）奶油是从牛奶中提炼出来的纯天然食品。相对植脂奶油，它入口即化，口感香浓，容易被人体所吸收，营养价值高，更有益于健康，不过，其操作必须非常专业。

花嘴类型及其应用

常见的花嘴有以下几种类型:

【扁锯齿】

这种花嘴齿纹均匀,有两面带齿的,也有一面带齿的,相比之下两面都有齿的用途较广些。

【V形嘴】

这种花嘴有一个V形的口,最适合用编的手法,做出绳子的效果。

【U形嘴】

这种花嘴最适合用来做花卉,但是用来打边的话也会有灵动的曲线感觉,挤边时最好是反过来用效果更好。

【拔草嘴】

这种花嘴上孔很多,最适合用来做小草的造型,使用此花嘴时奶油要打得硬些,这样才能拔出一根根的小草。

【三圆嘴】

这种花嘴上有3个圆孔,非常适合用来做花边的造型。

【弯花嘴】

这种花嘴适合用来裱花,也可以用来修饰边角,可塑性不错。

黄油曲奇

简单的工艺，好看的螺纹花形，黄油曲奇的魅力在于制作简单，高雅大方。

■ 材料

全蛋液 50 毫升，白砂糖 100 克，无盐黄油 125 克，猪油 50 克，奶粉 7.5 克，低筋面粉 250 克

■ 工具

电动打蛋器，刮板，刮刀，玻璃碗，裱花袋，裱花布袋，烤箱，裱花嘴

■ 做法

❶ 将全蛋液、白砂糖倒入玻璃碗中，用电动打蛋器打至糖半融状态，倒入无盐黄油，打至发白。

❷ 倒入猪油，继续打至呈羽毛状，放置一旁。

❸ 将低筋面粉、奶粉倒在案台上，用手在面粉中画圈状，开出一个空白的窝状（后文简称"开窝"）。在开出的窝中倒入打发好的材料，切拌均匀后装入玻璃碗中。

❹ 装入套有裱花嘴的裱花袋中，然后套入裱花布袋中，均匀地挤在烤盘上。

❺ 将烤盘放入预热好的烤箱中，以上火 160℃、下火 120℃ 烤 5 分钟后，转炉继续烤 8 分钟。

■ 关键步骤

看视频学烘焙

杏仁饼干

5 种材料，5 个步骤，绝对不费神的一种杏仁味小饼干。

■ 材料

无盐黄油 38 克，糖粉 19 克，低筋面粉 65 克，三花淡奶① 12 毫升，杏仁片 5 克

■ 工具

刮板，橡皮刮刀，玻璃碗，方形模具，保鲜膜，烤箱，冰箱，高温布，案板，刀

■ 做法

❶ 无盐黄油倒入玻璃碗中，加入糖粉，搅拌均匀。

❷ 分次加入三花淡奶，搅拌均匀，放置一旁备用。

❸ 低筋面粉倒在案台上，开窝，倒入混合好的材料，切拌、按压均匀。

❹ 倒入杏仁片，切拌均匀，揉成面团并整成圆柱形，用保鲜膜包裹好放入方形模具中，整形成长条形，并放入冰箱冷冻至硬。

❺ 取出冷冻好的饼干生坯，用刀切成厚度约为 0.5 厘米的方形薄片，再放入垫有高温布的烤盘中，放入预热好的烤箱中，上火 170℃、下火 130℃，烤 15 ~ 20 分钟即可。

■ 关键步骤

■ 制作笔记

● 饼干生坯需切得厚薄一致，有助于烘烤时受热均匀。

注：①三花淡奶：指由高质量的新鲜牛奶浓缩制成的牛奶制品，又称无糖淡炼乳。

看视频学烘焙

椰子球

椰子球吃的就是浓浓的椰子味，喜欢就要敢于尝试，比你想象中的味道更加甜美。

■ 材料

椰丝 250 克，全蛋液 100 毫升，
细砂糖 100 克，黄油 116 克，
白油 [①] 50 克，奶粉 1.6 克

■ 工具

刮刀，刮板，玻璃碗，电子秤，
高温布，冰箱，烤箱

■ 做法

❶ 黄油、白油倒入玻璃碗中，搅拌均匀，倒入细砂糖继续搅拌至匀。

❷ 倒入奶粉，搅拌均匀后再分次倒入椰丝，继续拌匀。

❸ 分次倒入全蛋液，搅拌均匀。

❹ 将搅拌好的材料倒在案台上，切拌均匀，再放入玻璃碗中，放进冰箱冷冻至硬，取出。

❺ 将冻好的材料分成 10 克每个的小剂子，搓圆，均匀地放入垫有高温布的烤盘上，放入烤箱，以上火 145℃烤 13 分钟，再以下火 135℃继续烤 10 分钟即可。

■ 关键步骤

2

5

看视频学烘焙

注：①白油：一种固化或半固化的油脂，用来做糕点，比较酥脆。

罗马盾牌

小小的创意，在圈圈里加上馅料，内圈甜，外圈脆。

■ 材料

主料：无盐黄油50克，细砂糖62克，蛋清27毫升，低筋面粉85克，吉士粉5克

馅料：无盐黄油20克，细砂糖22克，麦芽糖22毫升，杏仁片25克

■ 工具

打蛋器,刮板,橡皮刮刀,裱花袋,玻璃碗,不锈钢盆,电磁炉,烤箱,高温布

■ 做法

❶ 将无盐黄油倒入玻璃碗中用打蛋器打至发白，加入62克细砂糖搅拌均匀。

❷ 分次加入蛋清搅打均匀后，倒入吉士粉搅拌均匀。

❸ 分次加入低筋面粉拌匀成面糊。

❹ 做馅料：将22克细砂糖、无盐黄油、麦芽糖倒入不锈钢盆中，隔水加热至融化，倒入杏仁片搅匀，倒入玻璃碗中。

❺ 将面糊装入裱花袋中，在垫有高温布的烤盘中，挤成一个个的圆圈。

❻ 在圆圈中放入馅料，将烤盘放入预热好的烤箱中，以上火160℃、下火130℃烤10～12分钟即可。

■ 关键步骤

2

3

4

5

■ 制作笔记

● 将面糊挤入烤盘时，也可以挤成其他自己喜欢的形状，然后再放入馅料。

蛋黄饼干

蛋黄饼干烤之前是圆的，烤之后是扁的，亲自体验过才知道什么叫神奇。

■ 材料

蛋黄 80 克，白砂糖 160 克，无盐黄油 160 克，低筋面粉 225 克，泡打粉 7.5 克

■ 工具

玻璃碗，打蛋器，刮刀，冰箱，电子秤，烤箱

■ 做法

❶ 无盐黄油、白砂糖倒入大玻璃碗中搅打均匀。

❷ 倒入蛋黄搅拌均匀。

❸ 倒入泡打粉搅拌均匀。

❹ 分次倒入低筋面粉按压均匀，放入冰箱冷藏 12 小时。

❺ 取出冷藏好的面团，称取 10 克每个的小剂子，搓圆，均匀地放入烤盘内。

❻ 以上火 160℃、下火 120℃ 烤 15 分钟。

■ 关键步骤

看视频学烘焙

玛格丽特饼干

有裂口的、扁扁的小饼干，原来只需要轻轻一按。

■ 材料

无盐黄油 80 克，糖粉 40 克，盐 0.6 克，熟蛋黄 1 个，粟粉 64 克，低筋面粉 64 克

■ 工具

面粉筛，刮板，电子秤，高温布，橡皮刮刀，烤箱

■ 做法

❶ 将低筋面粉、糖粉、粟粉倒在案台上，拌均匀后开窝，加入无盐黄油和盐切拌均匀。

❷ 将熟鸡蛋黄过筛后加入混合好的材料中切拌均匀成面团（均匀即可，切勿过度切拌）。

❸ 将面团整成长条形，切成重量为 8 克每个的小剂子。

❹ 将小剂子揉搓拉长 3 次后，揉成圆球状，整齐地摆入烤盘中。

❺ 将每个小圆球用手指稍加压扁，放入预热好的烤箱中，以上火 170℃、下火 130℃烤 15 ~ 20 分钟即可。

■ 关键步骤

看视频学烘焙

■ 制作笔记

● 揉搓拉长后的小剂子比未揉搓的小剂子颜色稍淡一些，若想要上色更均匀，更美观，可以在烘烤 15 分钟后，转炉继续完成烘烤。

曲奇牛奶杯

曲奇牛奶杯是法国厨师 Dominique Ansel 创作出的作品,是牛奶与曲奇的完美融合。Dominique Ansel 将巧克力曲奇变成了 3D 的杯子,并把香草牛奶倒入巧克力曲奇杯中,使曲奇的味道更香醇。

红糖 65 克,细砂糖 45 克,黄油 85 克,蛋黄 1 个,低筋面粉 180 克,黑巧克力 80 克,牛奶适量

■ 工具 ═══════════

橡皮刮刀,刮板,玻璃碗,钢杯,电磁炉,烤箱,模具,刷子,量杯

■ 做法 ═══════════

❶ 细砂糖倒入红糖中拌匀;黄油隔水融化,倒入红糖糊中搅匀,加入蛋黄继续搅拌均匀。

❷ 加入面粉稍加搅拌后,在案台撒少许面粉,把材料倒在案台上切拌均匀。

❸ 在钢杯内刷一层软化后的黄油,取一团面团放入模具,按压成杯子的形状。

❹ 刮平杯子边缘,放入预热好的烤箱中,以上火 170℃、下火 160℃的温度,烤 15 ~ 20 分钟。

❺ 取出烤好的曲奇杯子,放凉;黑巧克力隔水融化,刷在曲奇杯子内壁。

❻ 将牛奶倒入量杯中,再倒入曲奇杯中即可。

■ 关键步骤 ═══════════

3

4

5

6

■ 制作笔记 ═══════════

● 可将曲奇杯先放入冰箱冷藏后,再取出,刷上巧克力液,这样可使巧克力液更易凝固,使杯子更牢固。

钻石香草莎布蕾

一款名字听起来很复杂，制作起来却很容易的小饼干。

■ 材料

有盐黄油 70 克，糖粉 50 克，全蛋液 13 毫升，低筋面粉 113 克，香草精 0.2 毫升

■ 工具

电动打蛋器，手动打蛋器，刮刀，刮板，玻璃碗，白纸，刀，冰箱，刷子，高温布，烤箱

■ 做法

❶ 有盐黄油、糖粉倒入玻璃碗中，用电动打蛋器搅拌均匀。

❷ 倒入香草精搅拌均匀，分次倒入全蛋液搅拌均匀制成面糊。

❸ 低筋面粉倒在案台上开窝，倒上面糊，切拌均匀，按压揉搓成长条形，用白纸卷好放入冰箱中冷藏至硬。

❹ 取出冷藏好的面团，打开白纸，在面团表面刷一层蛋液，在白纸上撒一层砂糖，滚动面团生坯，使其表面沾满砂糖。

❺ 用刀将长方形面团切成厚薄均匀的圆形小块，均匀地摆入垫有高温布的烤盘上，放入预热好的烤箱，以上火 160℃、下火 130℃烤 15 分钟。

■ 关键步骤

看视频学烘焙

看视频学烘焙

香草布丁

香草布丁，果冻一样的口感，夏天里的好伙伴。

蛋黄35克，白砂糖35克，凝固的吉利丁水①14克，淡奶油245毫升，香草精适量

■ 工具

玻璃碗，打蛋器，奶锅，电磁炉，刮刀，温度计，玻璃杯，筛网，保鲜膜，模具

■ 做法

❶ 蛋黄、白砂糖倒入玻璃碗中打散。

❷ 淡奶油倒入奶锅中烧开，倒入蛋黄糊中搅拌均匀，然后再倒回奶锅中搅拌均匀煮至70℃时停止加热。

❸ 加入香草精、凝固的吉利丁水搅拌均匀，制成布丁液。

❹ 将布丁液筛入玻璃碗中放凉，用保鲜膜盖好留一个小口，倒入事先准备好的模具中，放入冰箱中冷藏至硬。

■ 关键步骤

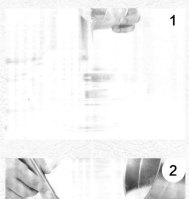

1

2

3

4

■ 制作笔记

● 布丁液重新倒回奶锅中煮时要注意控制好温度，做出来的布丁口感才会更好。

注：①凝固的吉利丁水：可将一片吉利丁片加入100毫升冷水浸泡，再根据需求，取相应的用量使用即可。

法式烤布蕾

法式烤布蕾的特色就在于需要用火枪烤，烤后的布蕾和蛋黄一样的颜色，仿佛看一眼就能够明白它的美味。

■ 材料

牛奶 113 毫升，淡奶油 93 毫升，白砂糖 23 克，蛋黄 37 克，香草精 1 毫升

■ 工具

电磁炉，奶锅，温度计，搅拌器，玻璃碗，瓷杯，转盘，火枪，筛网，保鲜膜，烤箱

■ 做法

❶ 蛋黄、白砂糖倒入玻璃碗中打散。

❷ 牛奶、香草精倒入奶锅中加热至 40℃，然后倒入蛋黄糊中搅拌均匀。

❸ 再倒入淡奶油搅拌均匀，倒入筛网中过筛，盖上保鲜膜，隔泡。

❹ 瓷杯放入烤盘，倒进混合液，在烤盘中倒入 50℃水，放入预热好的烤箱中，上下火 145℃烤 45 分钟。

❺ 取出烤好的布蕾，放在转盘上，撒上白砂糖，转动转盘，用火枪烧白砂糖至焦黄即可。

■ 关键步骤

看视频学烘焙

■ 制作笔记

● 用火枪烧时要小心，火枪头切勿对准易燃物，用完之后应立即关火。

巧克力球

黑色的巧克力球有一股苦涩的味道，并不像巧克力那般浓郁，是一种能让你皱紧眉头的休闲食品。

■ 材料

无盐黄油 30 克，白油 30 克，糖粉 20 克，可可粉 7.5 克，杏仁粉 12.5 克，低筋面粉 80 克，朗姆酒 2.5 毫升

■ 工具

打蛋器，刮板，刮刀，玻璃碗，电子秤，烤箱

■ 做法

❶ 将无盐黄油、白油倒入玻璃碗中，倒入糖粉，搅拌均匀。

❷ 倒入朗姆酒，继续搅拌均匀。

❸ 倒入杏仁粉搅拌后，再倒入可可粉搅拌成可可面糊。

❹ 将低筋面粉倒在案台上，开窝，倒入可可面糊，切拌均匀，揉成面团。

❺ 将面团整形成长条形，切成重量约为 8 克每个的小剂子，搓圆，整齐地摆放在烤盘中。

❻ 将烤盘放入预热好的烤箱中，上火170℃、下火 130℃ 烤 13 分钟后，转炉继续烘烤 7 分钟。

■ 关键步骤

3

4

看视频学烘焙

杏仁瓦片

杏仁瓦片是饼干中极为讲究的一款，一片接一片，烤出来也很有美感。

■ 材料

蛋清 50 毫升，白砂糖 50 克，低筋面粉 8 克，粟粉 5 克，无盐黄油 15 克，杏仁片 60 克

■ 工具

打蛋器，刻模，刮刀，玻璃碗，不锈钢碗，电磁炉，烤箱

■ 做法

❶ 将蛋清、白砂糖倒入玻璃碗中搅拌均匀，倒入低筋面粉继续搅拌均匀。

❷ 无盐黄油隔水融化，倒入混合液中，搅拌均匀。

❸ 加入粟粉搅拌均匀后，再倒入杏仁片拌匀。

❹ 捞出混合液中的杏仁片，放入刻模中，一片接一片的摆放成圆片形，取出刻模继续摆放下一个，直到铺满整个烤盘。

❺ 将烤盘放入预热好的烤箱，以上火 150℃、下火 120℃烤 15 分钟。

■ 关键步骤

看视频学烘焙

■ 制作笔记

● 剩余的蛋液可继续放入杏仁片。

麻薯

麻薯是甜品中的佼佼者，因为口感较糯而受欢迎，制作简单，是一款适合在家做的超级美食。

■ 材料

麻薯粉 155 克，芝士粉 [①] 12 克，炼乳 12 毫升，盐 2.2 克，白油 39 克，水 90 毫升，全蛋液 0.6 毫升

■ 工具

不锈钢盆，电磁炉，打蛋器，电子秤，高温布，烤箱，玻璃碗

■ 做法

❶ 白油倒入不锈钢盆中隔水融化。

❷ 水、全蛋液、炼乳、盐、芝士粉倒入玻璃碗中搅拌均匀。

❸ 倒入麻薯粉搅匀，然后倒入融化后的白油，搅拌制成麻薯面团。

❹ 将面团分成 35 克每个的小面团，搓圆，均匀地放入垫有高温布的烤盘中，以上火 175℃烤 35 分钟。

■ 关键步骤

看视频学烘焙

注：①芝士粉：由天然芝士经粉碎工艺制成。

椰奶布丁

椰子味的甜点各种各样，椰奶布丁就是其中的一款。

■ 材料 ═══════════

淡奶油85毫升，椰奶200毫升，牛奶65毫升，全蛋液200毫升，细砂糖80克

■ 工具 ═══════════

玻璃碗，刮刀，打蛋器，奶锅，电磁炉，筛网，模具杯，烤箱

■ 做法 ═══════════

❶ 将全蛋液倒入玻璃碗中，用打蛋器打散。

❷ 牛奶倒进奶锅中，开火，倒入细砂糖，边搅拌边加热，煮至糖融化时停止加热。

❸ 椰奶倒进奶锅中，搅拌均匀后倒入打散的蛋液中，边倒边搅拌，然后倒入淡奶油搅拌均匀，制成布丁液。

❹ 将布丁液倒入筛网中过筛后再倒入模具杯中。

❺ 烤盘上倒入水，放进预热好的烤箱中以上火130℃、下火150℃烤45分钟即可出炉。

■ 关键步骤 ═══════════

1

2

3

4

■ 制作笔记 ═══════════

● 将布丁液倒入筛网中过筛，可以使做出来的布丁更加细腻，口感更佳。

香草慕斯

香草慕斯是香草籽做出来的，它有上百种芳香成分及十多种人体必需的氨基酸，不仅香气高贵典雅，对人体也大有益处。

■ 材料

香草棒 1/4 条，蛋黄 20 克，白砂糖 18.75 克，凝固的吉利丁水 11.25 克，淡奶 106.25 毫升，牛奶 50 毫升

■ 工具

刮刀，电磁炉，奶锅，温度计，电动打蛋器，裱花袋，冰箱，不锈钢盆，玻璃碗，玻璃杯

■ 做法

❶ 蛋黄、白砂糖倒入玻璃碗中打散。

❷ 牛奶倒入奶锅中；香草棒剥开，取出香草籽，放入奶锅中烧开，停止加热，倒入蛋液中，边倒边搅拌。

❸ 再将蛋奶糊倒回不锈钢盆中，继续隔水加热至 70℃，停止加热。

❹ 将凝固的吉利丁水倒入不锈钢盆中搅拌均匀，倒入筛网中过筛后降温到 26℃。

❺ 淡奶用电动打蛋器打发，分次倒入蛋糊中，搅拌均匀；然后倒入裱花袋中，挤在玻璃杯中，放入冰箱冷藏 12 个小时即可。

■ 关键步骤

2

5

看视频学烘焙

柠檬燕麦饼干

柠檬燕麦饼干表面颗粒分明。燕麦不仅适合做面包，同时也适合做饼干。

■ 材料

无盐黄油 50 克，白砂糖 66 克，柠檬汁 5 毫升，碎柠檬皮 5 克，牛奶 34 毫升，葡萄干 28 克，低筋面粉 35 克，小苏打 1.5 克，燕麦 63 克

■ 工具

打蛋器，刮刀，玻璃碗，烤箱，裱花袋，高温布

■ 做法

❶ 无盐黄油、白砂糖倒入玻璃碗中，搅打均匀。

❷ 倒入柠檬汁，搅拌均匀。

❸ 倒入碎柠檬皮拌匀后，分次少量倒入牛奶搅拌均匀。

❹ 倒入葡萄干搅拌均匀，再倒入低筋面粉、小苏打继续搅拌均匀。

❺ 倒入燕麦，搅拌均匀后，将面糊装入裱花袋中，均匀地挤在垫有高温布的烤盘上。

❻ 手蘸上水，轻轻地按压至每一片厚薄均匀。

❼ 将烤盘放入预热好的烤箱中，以上火 150℃、下火 120℃烤 10 分钟后，转炉继续烤 6 分钟。

■ 关键步骤

2

5

7

看视频学烘焙

■ 制作笔记

● 饼干生坯按压至厚薄均匀可以使饼干烘烤均匀。

迷你松饼

与其费力地切大松饼，不如一开始就烤得小小的，方便食用，再装饰上水果，毫无疑问会成为餐桌的主角。

■ 材料

全蛋液 35 克，原味优酪乳 50 毫升，牛奶 150 毫升，色拉油 1 大勺，松饼粉 200 克，鲜奶油 100 毫升，砂糖 1 大勺，水果适量

■ 工具

打蛋器，筛网，平底锅，电磁炉，玻璃碗，木勺，电动打蛋器，刷子，裱花袋，裱花嘴

■ 做法

❶ 全蛋液、原味优酪乳、牛奶、色拉油倒入玻璃碗中，用打蛋器搅打均匀。

❷ 筛筛网入松饼粉，搅拌至顺滑。

❸ 平底锅内抹一层色拉油，开小火，倒一点面糊摊平，面糊的孔洞开始沸腾时，翻面继续煎至呈金黄色。

❹ 砂糖倒入鲜奶油中，用电动打蛋器打发。

❺ 再装入套有裱花嘴的裱花袋中，挤在烤好的松饼上，装饰上水果丁即可。

■ 关键步骤

3

5

葱香苏打饼干

葱香苏打饼干，满满的葱香味，在家尝试着做起来，绝对能够做出小时候的味道。

■ 材料

主料： 小麦面粉 120 克，玉米淀粉 30 克，牛奶 80 毫升，玉米油 30 毫升

辅料： 酵母粉 3 克，精盐 2 克，小苏打 1 克，葱末少许

■ 工具

擀面杖，奶锅，电磁炉，刮刀，玻璃碗，叉子，刀，烤箱，电磁炉

■ 做法

❶ 牛奶倒进奶锅中边加热边搅拌，加入酵母粉继续搅拌至匀，停止加热，静置 5 分钟。

❷ 倒进玻璃碗中，倒入小苏打、盐、玉米淀粉、小麦面粉混匀；再倒入葱末和玉米油，搅拌成无干粉状，用手揉成团，醒发 30 分钟。

❸ 将醒好的面团擀成薄片，用叉子在面片上均匀地叉满孔。

❹ 用刀切去面片的边角，再切成长条形的块，放入烤盘。

❺ 将烤盘放入预热好的烤箱，以上火 160℃、下火 130℃烤 15 分钟即可。

■ 关键步骤

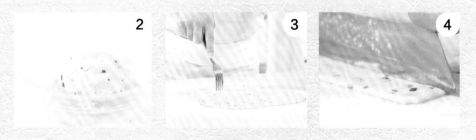

■ 制作笔记

看视频学烘焙

● 剩余的边角继续揉成团，擀薄，用模具做出想要的形状。

抹茶曲奇

很多人都喜欢吃曲奇，曲奇能做出很多种口味，抹茶味是其中最常见的一款，简单的几步，在家就能轻松完成。

■ 材料

黄油 110 克，糖粉 60 克，淡奶[①] 40 毫升，低筋面粉 170 克，全蛋液 35 毫升，抹茶粉 7 克

■ 工具

高温布，刮板，烤箱，玻璃碗，打蛋器，裱花袋，裱花嘴

■ 做法

❶ 黄油、糖粉倒入玻璃碗中打至发白。

❷ 加入全蛋液，搅拌均匀后再分次加入淡奶打至顺滑。

❸ 再倒入低筋面粉、抹茶粉，搅拌均匀。将面糊装入带有裱花嘴的裱花布袋中，均匀地挤在垫有高温布的烤盘上，放入烤箱，以上火 170℃、下火 150℃ 烤 20 分钟即可。

■ 关键步骤

看视频学烘焙

注：①淡奶：是将牛奶蒸馏除去一些水分过后的产品。淡奶是含水量较少的牛奶，而淡奶油是一种奶油。

看视频学烘焙

黑芝麻咸香饼干

样子简单，黑芝麻星星点点，一款适合囤起来的咸香饼干。

■ 材料

低筋面粉 150 克，黄油 30 克，全蛋液 50 毫升，牛奶 20 毫升，细砂糖 20 克，炒熟的黑芝麻 20 克，盐 2.5 克，泡打粉 2.5 克

■ 工具

玻璃碗，保鲜膜，擀面杖，刀，高温布，烤箱

■ 关键步骤

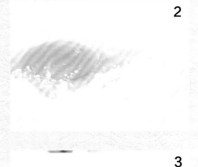

2

3

4

5

■ 做法

❶ 低筋面粉、泡打粉、盐、细砂糖倒入玻璃碗中混匀，加入黄油，用手搓匀。

❷ 倒入全蛋液、牛奶，用手搓匀，再揉至表面光滑。

❸ 倒入黑芝麻，继续揉至面团和黑芝麻混合均匀，包上保鲜膜，静置半小时后取出。

❹ 案台上撒一薄层低筋面粉，把面团擀成厚度约 0.2 厘米的薄面片。

❺ 用刀切去面片不规则的边角，修整成长方形后切成均匀的小正方形。

❻ 将饼干生坯均匀地放在垫有高温布的烤盘上，入烤箱以上火 160℃、下火 130℃烤 15 分钟，至表面呈金黄色即可。

■ 制作笔记

●揉面团的时候不要揉太久，揉至表面光滑即可。

咖啡花生小圆饼

咖啡做的饼干，有一股苦涩的味道，花生酱又有一股花生的香味，两者的结合造就了一种难以忘怀的醇香苦涩。

■ 材料

低筋面粉 100 克，黄油 50 克，糖粉 30 克，速溶咖啡粉 2 小勺，花生酱 45 克，盐 1.25 克

■ 工具

电动打蛋器，电子秤，刮刀，玻璃碗，烤箱

■ 做法

❶ 黄油、糖粉倒入玻璃碗中，用电动打蛋器搅至发白。

❷ 倒入花生酱搅拌均匀。

❸ 倒入速溶咖啡粉搅拌均匀。

❹ 分次倒入低筋面粉，按压均匀。

❺ 倒入盐，按压均匀，用手捏成团。

❻ 将面团切成 10 克每个的小剂子，用手搓圆，均匀地放在烤盘上，放入预热好的烤箱中，以上火 170℃、下火 130℃烤 15 分钟，转炉继续烤 8 分钟。

■ 关键步骤

看视频学烘焙

印花饼干

将饼干做成各种形状是一种童趣的表现，在家做一些好看的小饼干，能够吸引孩子的注意力，也能够拉近和孩子的距离。

■ 材料

黄油55克,糖粉50克,全蛋液25毫升,中筋面粉125克,低筋面粉少许

■ 工具

玻璃碗,电动打蛋器,冰箱,擀面杖,花形模具,高温布,烤网,烤箱

■ 做法

❶ 黄油、糖粉倒入玻璃碗中用电动打蛋器打至发白。

❷ 分次倒入全蛋液,继续搅拌至匀。

❸ 倒入中筋面粉,搅拌均匀后放入冰箱中冷藏至硬,取出。

❹ 在案台上撒一层低筋面粉,用擀面杖将面团擀成厚薄均匀的薄片。

❺ 用花形模具在薄片上按压出好看的形状,放在垫有高温布的烤网上,放入预热好的烤箱中,以上火160℃、下火130℃烤15分钟即可。

■ 关键步骤

1

2

4

5

■ 制作笔记

● 按压剩余的面坯,可继续擀制,然后用模具再次按压成型。

杂果意式坚饼

一款营养丰富的饼干，各种坚果的混合，吃出香甜，吃出健康。

■ 材料

中筋面粉240克，燕麦片20克，全蛋液70毫升，红糖70克，盐1.25克，泡打粉6克，枸杞30克，核桃30克，葡萄干30克

■ 工具

玻璃碗，打蛋器，刮板，刀，烤箱

■ 做法

❶ 全蛋液、红糖、盐倒进玻璃碗中搅打均匀。

❷ 倒入泡打粉、中筋面粉拌匀后，倒在案台上，切拌均匀。

❸ 依次倒入燕麦片、核桃、枸杞、葡萄干，按压揉搓成长条形，常温放置1个小时使其松弛。

❹ 将松弛好的面团放入预热好的烤箱中，以上火130℃、下火130℃烤30分钟后取出，放凉，切片。重新放入烤箱以上下火130℃烤10分钟后转炉，继续烤10分钟。

■ 关键步骤

看视频学烘焙

意大利小饼

一款简单易做的小饼干，和玛格丽特饼干一样的外表，却比玛格丽特饼干多了一分甜蜜。

■ 材料

低筋面粉 166 克，细砂糖 83 克，黄油 83 克，全蛋液 16 毫升，蛋黄 5 克，泡打粉 1 克，果膏适量

■ 工具

打蛋器，高温布，烤箱，电子秤，玻璃碗，刮板，裱花袋

■ 做法

❶ 黄油倒入玻璃碗中打散，倒入细砂糖搅拌均匀，再倒入全蛋液、蛋黄搅拌均匀后倒在案台上。

❷ 倒上泡打粉、低筋面粉，切拌均匀。

❸ 将面团分成 10 克每个的小剂子，搓圆，均匀地放入垫有高温布的烤盘上，用手指轻压按扁，放入烤箱中，以上火 170℃、下火 110℃ 烤 15 分钟，取出，放凉。

❹ 果膏装入裱花袋中，挤在烤好的小饼上即可。

■ 关键步骤

看视频学烘焙

■ 制作笔记

● 挤入果膏时，可以选用不同口味、不同颜色的果膏，以增加小饼的风味。

咖啡慕斯

喜欢喝咖啡的人多半是喜欢咖啡的味道，把咖啡做成慕斯，虽没有咖啡那么浓郁，却也不失另一番风味。

■ 材料

牛奶100毫升,蛋黄50克,白砂糖33克,咖啡粉5.5克,朗姆酒8毫升,凝固的吉利丁水24克,淡奶油185毫升

■ 工具

玻璃碗,奶锅,电磁炉,温度计,筛网,电动打蛋器,瓷杯,打蛋器,不锈钢盆,橡皮刮刀,冰箱,裱花袋

■ 做法

❶ 蛋黄、白砂糖倒入玻璃碗中打散。

❷ 牛奶煮开,倒入蛋黄糊中,边倒边搅拌;然后倒入不锈钢盆中,隔水加热至80℃左右,停止加热。

❸ 倒入咖啡粉、凝固的吉利丁水搅匀。

❹ 再倒入筛网中过筛,然后加入朗姆酒,降温至26℃。

❺ 淡奶油打至六成发,分次加入咖啡糊中,搅拌均匀,装入裱花袋中。

❻ 挤入瓷杯中,放入冰箱中冷冻2个小时以上。

■ 关键步骤

1

4

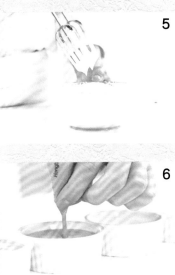

5

6

■ 制作笔记

● 制作慕斯的关键就是要控制好制作过程中的温度,若温度控制不佳,慕斯的口感也会欠佳。

雪花糕

雪花糕和它的名字一样，晶莹雪白，一款有颜的糕点。

■ 材料

牛奶 500 毫升，淡奶油 150 毫升，黄油 30 克，椰浆 110 毫升，水 50 毫升，玉米粉 50 克，糖 60 克，吉利丁 10 克，椰丝适量

■ 工具

电磁炉，奶锅，玻璃碗，保鲜膜，方形模具，湿抹布，方形纸板，打蛋器，刮刀，刀，转盘，火枪，冰箱

■ 做法

❶ 将牛奶、淡奶油、椰浆、黄油倒入奶锅中搅拌，中火煮 1 分钟。

❷ 水倒进玻璃碗中，倒入糖、玉米粉搅拌均匀。

❸ 将煮好的奶液倒入步骤 2 玻璃碗中慢速搅拌，然后倒入泡好的吉利丁搅拌均匀。

❹ 在案台上铺一层保鲜膜，放上方形模具，用湿布擦拭模具外壁，然后包上保鲜膜，放在方形纸板上，倒入搅拌匀了的混合液，用手托起纸板放入冰箱中冷藏至硬，取出，放在转盘上。

❺ 撕下保鲜膜，用火枪烤模具周围，取出方形模具。

❻ 用火枪将刀烤热，用刀将雪花糕切成均匀的小方块。椰丝倒入玻璃碗中，放入小方块，裹上一层椰丝，装盘即可。

■ 关键步骤

4

6

看视频学烘焙

芝士麻薯球

和麻薯一样圆圆的外表，但要比麻薯的颜色略金黄，口感和麻薯大不相同。

■ 材料

主料：糯米粉 200 克，牛奶 215 毫升

辅料：细砂糖 25 克，盐 2 克，蛋黄 13 克，稻米油① 15 毫升，泡打粉 5 克，帕玛斯芝士粉 60 克

■ 工具

玻璃碗，刮刀，电子秤，高温布，烤箱

■ 做法

❶ 糯米粉、泡打粉、盐、牛奶倒入玻璃碗中混匀。

❷ 然后倒入蛋黄、细砂糖，用刮刀拌匀成能流淌的面糊。

❸ 倒入稻米油，用刮刀搅拌均匀后再倒入帕玛斯芝士粉搅拌均匀。

❹ 将搅拌好的材料分成 25 克每个的小剂子，搓圆，均匀地放入垫有高温布的烤盘中。

❺ 将烤盘放入预热好的烤箱中，以上火 150℃、下火 130℃烤 35 分钟。

■ 关键步骤

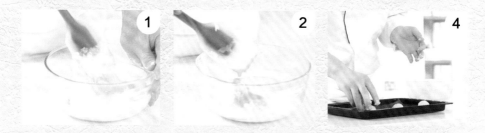

■ 制作笔记

● 在家制作烘焙食物，要提前预热烤箱，烤箱不预热的情况下升温较慢，难使烘烤的食物快速定形。

看视频学烘焙

注：①稻米油：指稻米中的脂肪经压榨或浸出工艺提取分离所得的油脂。

第 2 章
烘焙技能进阶课

　　学习了较为简单的烘焙基础课之后，该挑战一些稍有难度的了。基础很重要，但是也要有所提高，学习烘焙就是要在摸索中循序渐进，在总结基础课成败经验的基础上，提升一下技能，下面我们将为你带来全新的体验。

水果挞皮和水果馅制作

挞，是将细致的面团擀薄，铺在"挞模"中烘烤定形而成，挤上奶油馅，摆上水果，漂亮又美味的点心就完成了。水果最好选择当季的新鲜水果，搭配时使用 3 种以上的水果，看起来会很丰富。

派底制作和内馅制作

黄油和面粉混合均匀后放入冰箱冷冻至硬，擀成派皮，压在派模中，放入烤箱烘烤，即可制成酥脆的派皮。派皮之所以不好平衡就是因为加了水，因为水和面粉里的蛋白质经过揉面的过程会产生面筋，面团就会变弹，吃到嘴里的感觉就是发硬。所以操作过程尽可能用巧劲，避免揉，尽量用叠压切拌的方法让面粉成团。

淡奶油打发、混合技巧

❶ 淡奶油使用前，应放在冰箱冷藏室中不少于 24 小时，要特别注意的是，冷藏不是零度保鲜，零度保鲜会将淡奶油冻坏的。

❷ 打发前摇晃均匀，并且将电动打蛋器的打蛋头和打蛋桶放进冰箱冷藏。

❸ 淡奶油与细砂糖或者糖粉的比例为 10∶1。电动打蛋器开低速 1 档，将淡奶油混合物搅拌均匀，然后再高速打发，一般用 4 档，打到六七成发的时候改用低速，防止过多的大气泡产生。打发的过程中出现稍微硬一些的纹路时，一定要停下来检查，以免打发过度。

❹ 如果是抹面，建议打得不要太硬；如果是裱花，打到有硬硬的小尖峰才好。

抹坯工具使用技巧

抹刀的选择

抹刀分为：8 寸的抹刀，适用于 10 寸以内的蛋糕面；12 寸的抹刀，适用于 10 寸以上的蛋糕面。

抹刀的使用方法

抹刀由刀刃、刀面、刀尖、刀柄组成，知道了抹刀的组成部分，才能清楚地了解拿刀的方法。

刀刃：无名指、中指放于刀刃后，配合大拇指调节刀刃的角度。注意，只要抹刀接触到奶油，刀刃必须翘起 30°，使奶油向刀面内侧移动。

刀面：食指要放于刀面的一半处，防止刀的前端翘起。

刀尖：抹刀的最前端是弧形，所以称刀尖。

刀柄：小拇指放于刀柄的最前端呈"钩"状，防止在操作过程中抹刀滑落，刀柄带动抹刀的整体。

新手用抹刀时需要注意的问题

❶ 拿刀时手要拿刀柄偏前方的位置。

❷ 运刀时不要向自己的胸前拉，这个姿势不利于做出好质量的面。

❸ 抹面时不要用力地压奶油，而应该轻推奶油。

❹ 抹侧面时刀不要向内或向外倾斜，而是刀垂直于转台。

玫瑰蛋糕

鲜玫瑰花漂亮吸睛，制成玫瑰蛋糕则营养丰富。

■ 材料

黄油 150 克，盐 1.5 克，香草精少许，细砂糖 115 克，全蛋液 75 毫升，蛋黄 56 克，柠檬汁 5 毫升，低筋面粉 155 克，泡打粉 3 克，冷冻玫瑰花 5 克

■ 工具

硅胶模，打蛋器，电动打蛋器，裱花袋，玻璃碗，烤箱，刮刀

■ 关键步骤

■ 做法

❶ 黄油、细砂糖倒入玻璃碗中，用电动打蛋器打至发白，倒入盐，搅拌均匀后，再倒入香草精继续搅拌。

❷ 蛋黄倒入全蛋液中，用打蛋器打散，再分次倒入黄油糊中搅拌均匀。

❸ 分次加入低筋面粉搅拌均匀，再加入泡打粉、柠檬汁搅拌均匀，然后加入部分冷冻的玫瑰花继续搅匀。

❹ 将面糊装入裱花袋中，以画圈的形式挤进硅胶模内，撒上剩余的玫瑰花。

❺ 将硅胶模具放进预热好的烤箱，以上下火 180℃烤 35 分钟，取出，脱模即可。

■ 制作笔记

● 玫瑰花也可以换成其他口味的冷冻鲜花，可以根据自己的口味调整。

椰蓉挞

黄澄澄的表面有一种毛茸茸的感觉，椰蓉吃起来就是美味。

■ 材料

挞皮：无盐黄油 100 克，糖粉 25 克，低筋面粉 133 克

馅料：椰蓉 250 克，水 400 毫升，白砂糖 350 克，麦芽糖 75 毫升，全蛋液 70 毫升，泡打粉 5 克，低筋面粉 75 克，调和油 160 毫升，吉士粉少许

■ 工具

刮板，挞模，刻模，裱花袋，擀面杖，玻璃碗，冰箱，刮刀，奶锅，电磁炉

■ 做法

❶ 无盐黄油、糖粉、低筋面粉倒在案台上拌匀；放入玻璃碗中，放进冰箱冷藏至硬，取出，用刮刀切碎，按扁。

❷ 用擀面杖擀开，用刻模刻出 3 个大小均匀的薄片，放入挞模中，按压挞皮使其贴紧模具壁，震几下，削去周边多余的挞皮，放入冰箱中冷冻至硬。

❸ 水倒进奶锅中煮开，倒进白砂糖、麦芽糖煮至融，停止加热，加入椰蓉，泡 2 个小时，制成椰蓉糊。

❹ 全蛋液、调和油倒入玻璃碗中，搅拌均匀，倒入吉士粉、泡打粉、75 克低筋面粉搅拌均匀制成蛋糊。

❺ 椰蓉糊倒入蛋糊中搅匀，装入裱花袋，挤在挞皮上，放入预热好的烤箱，以上火 190℃、下火 170℃烤 28 分钟。

■ 关键步骤

蛋白薄脆饼干

蛋白薄脆饼干材料易得，操作简单，轻轻松松就能在家吃到美味，你还在等什么，快点做起来吧！

■ 材料

蛋清 30 毫升，中筋面粉 50 克，黄油 50 克，糖粉 60 克

■ 工具

玻璃碗，打蛋器，油纸，橡皮刮刀，裱花袋，裱花嘴，面粉筛，烤箱

■ 做法

❶ 室温软化后的黄油中加入糖粉搅拌均匀，注意不要打发。

❷ 分次加入蛋清，搅拌均匀至蛋白糊呈可流动性的细腻糊状。

❸ 倒入过筛后的中筋面粉，继续搅拌均匀至顺滑看不到面粉颗粒为止，切记不要过度搅拌。

❹ 把搅拌好的面糊装进套有裱花嘴的裱花袋中，在垫了油纸的烤盘上挤出圆形面糊。

❺ 将烤盘放进预热好的烤箱，以上火 160℃、下火 120℃，烤 10 ～ 15 分钟左右，烤至饼干边缘呈现金黄色即可。

■ 关键步骤

看视频学烘焙

■ 制作笔记

● 中筋面粉是高筋面粉和低筋面粉混合而成的，也是家中的普通面粉。

桂圆重油蛋糕

重油蛋糕的甜度比一般的蛋糕要高很多，口感也比一般蛋糕要软很多，比较适合喜欢高浓度甜味的朋友。

■ 材料

全蛋液 75 毫升，白砂糖 20 克，红糖 20 克，盐 0.5 克，低筋面粉 75 克，泡打粉 0.8 克，小苏打 0.8 克，三花淡奶 30 毫升，大豆油 75 毫升，桂圆 50 克，白兰地 10 毫升，乳酸菌饮料 25 毫升

■ 工具

平底锅，电磁炉，刮刀，电动打蛋器，勺子，纸杯，烤箱，玻璃碗，裱花袋

■ 做法

❶ 乳酸菌饮料、桂圆倒入平底锅中翻炒至乳酸菌饮料完全被吸收时停止加热。

❷ 白兰地倒入平底锅中，搅拌均匀。

❸ 全蛋液、白砂糖、盐、红糖倒入玻璃碗中搅拌均匀，再用电动打蛋器打发。

❹ 小苏打、泡打粉倒入低筋面粉中，拌匀后再倒入打发好的红细砂糖糊中。

❺ 倒入三花淡奶，搅拌均匀，再倒入大豆油搅拌均匀。

❻ 将搅拌好的材料装入裱花袋中，挤入纸杯，用勺子舀进炒好的桂圆，放入预热好的烤箱，以上火 185℃、下火 155℃烤 10 分钟后，转炉烤 10 分钟。

■ 关键步骤

■ 制作笔记

● 桂圆含有多种营养物质，有补血安神、健脑益智、补养心脾的功效。

巧克力布朗尼

巧克力布朗尼又称为布朗尼、波士顿布朗尼，是一种块小、味甜、像饼干的巧克力蛋糕。

■ 材料

黑巧克力碎 100 克，黄油 40 克，全蛋液 80 毫升，白砂糖 20 克，低筋面粉 75 克，可可粉 10 克，核桃碎适量

■ 工具

不锈钢盆，电磁炉，玻璃碗，橡皮刮刀，电动打蛋器，筛网，白纸，烤箱，方形模具

■ 做法

❶ 黑巧克力碎倒入不锈钢盆中隔水融化，再倒入玻璃碗中。

❷ 用橡皮刮刀刮出少许，放入另一个玻璃碗中，倒入黄油，用电动打蛋器搅至呈羽毛状。

❸ 白砂糖倒进全蛋液中，搅匀，倒入巧克力糊中，用电动搅拌器搅拌至顺滑。

❹ 低筋面粉、可可粉倒入筛网中，筛到巧克力糊中，搅拌均匀。

❺ 再倒入包有白纸的方形模具中，抹平，撒上一层核桃碎，放进烤箱，以上火 180℃、下火 160℃烤 30 分钟，取出，脱模即可。

■ 关键步骤

全麦面包

全麦面包颜色微褐，肉眼能看到很多麦麸的小粒，质地比较粗糙，但烤出来却香气十足。

■ **材料**

高筋面粉 280 克，全麦面粉 120 克，
杂粮 60 克，盐 6 克，麦芽精 2.4 毫升，
波兰种 ① 180 克，水 272 毫升，酵母
6 克，黄油 6 克

■ **工具**

刮板，电子秤，玻璃碗，刀片，筛网，
烤箱

■ **做法**

❶ 酵母倒入麦芽精中，倒入少许水，混匀。

❷ 全麦面粉、盐倒入高筋面粉中，再倒
在案台上开窝，倒入波兰种，分次倒入
剩余的水，揉匀，倒入酵母混合液，再揉匀，
加入黄油，稍加摔打，使其充分混合。

❸ 倒入杂粮，揉成面团，盖上玻璃碗，
静置松弛后将其分成 150 克每个的小面
团，拍扁，两边折起来，搓成长条。

❹ 长条的两头反方向各弯成一个圆，整
形成 "8" 字形，按紧接口，均匀地放入
烤盘，再放入烤箱中进行发酵至两倍大。

❺ 筛上细砂糖粉，用刀片在面团上划几
道口子，放入烤箱中以上火 195℃、下
火 175℃烤 21 分钟。

■ **关键步骤**

■ **制作笔记**

● 减肥中的女性在家做面包时可以只用全麦面粉，这样就可以做出 100% 全麦面包了。

注：①波兰种：是一种发酵的酵头，可用 90 克面粉、100 毫升水加上 2 克酵母，搅拌均匀至没有颗粒，
　　常温下放置 1 小时，放入冰箱冷藏 12 小时后即可使用。

法式蒜香面包

很多人都不喜欢蒜的味道，但是烘烤后的蒜却有另一种香味，法式蒜香面包就是因为加了蒜才有一般面包没有的特殊风味。

■ 材料

面团: 高筋面粉 400 克，改良剂[①] 4.5 克，酵母 6 克，麦芽精 3 毫升，波兰种 150 克，水 320 毫升，盐 6 克

馅料: 蒜头 40 克，黄油 100 克，盐 2 克

■ 工具

烤箱，电子秤，均质机，裱花袋，刀片，刮板，玻璃碗

■ 做法

❶ 酵母倒入麦芽精中，倒入少许水，混合均匀。

❷ 改良剂倒入高筋面粉中混匀，倒入 6 克盐混匀，倒在案台上开窝，倒入波兰种，分次倒入水混匀，再加入酵母混合液，揉至八成发，放入烤箱发酵至两倍大。

❸ 将面团分成 100 克每个的小面团，将小面团拍扁，折叠起来，再拍扁，反复两次，搓成圆条形，放入烤箱中发酵至两倍大。

❹ 2 克盐倒进黄油中，用均质机打均匀，再倒入蒜头打均匀制成馅料，装入裱花袋；用刀片在面团上划一道口，挤进馅料，放入烤箱中以上火 210℃、下火 205℃烤 22 分钟。

■ 关键步骤

  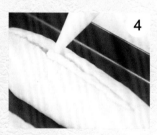

■ 制作笔记

● 面团放入烤箱中低温发酵能够很快发酵至两倍大，但也可放在常温下进行发酵。

注：①改良剂：一种复配型食品添加剂，用于面包制作可促进面包柔软和增加面包烘烤弹性，并有延缓面老化等作用。

看视频学烘焙

提子重油蛋糕

把提子做进蛋糕里，没有做不到，只有想不到。

■ 材料

全蛋液 50 毫升，白砂糖 50 克，盐 0.4 克，低筋面粉 56 克，泡打粉 0.6 克，小苏打 0.6 克，无盐黄油 65 克，牛奶 37.5 毫升，提子干适量

■ 工具

不锈钢碗，电磁炉，不锈钢盆，玻璃碗，勺子，打蛋器，烤箱，刮刀，蛋糕纸杯

■ 做法

❶ 无盐黄油刮入不锈钢碗中，倒入牛奶，隔水加热至融，放凉。

❷ 全蛋液、白砂糖、盐倒入玻璃碗中打散，然后将融化后的黄油分次倒入，边倒边搅拌。

❸ 倒入低筋面粉、泡打粉、小苏打，继续搅拌至匀，然后倒入一半的提子干搅匀。

❹ 用勺子将混合液舀进纸杯中，放进烤盘，装饰上剩余的提子干，以上火 160℃、下火 150℃烤 30 分钟，取出。

■ 关键步骤

看视频学烘焙

枫叶红豆面包

艺术范的面包，枫叶的纹路，红色的内芯，简单一个小刀片就能轻松完成。

■ 材料

面团：高筋面粉300克，细砂糖60克，
盐6克，酵母4.5克，改良剂4.5克，全
蛋液30毫升，黄油30克，水165毫升
馅料：红豆40克
辅料：白芝麻适量

■ 工具

均质机，玻璃碗，保鲜膜，冰箱，刀片，
烤箱，刷子，电子秤，擀面杖

■ 做法

❶ 酵母、改良剂、细砂糖倒入高筋面粉
中。倒在案台上开窝。倒入全蛋液混匀。
倒入水，揉匀。

❷ 倒入盐，和匀。倒入黄油，稍加摔打，
使其充分融合，揉成面团，用玻璃碗盖住，
松弛10～15分钟，取出。

❸ 将面团分成150克每个的小面团，搓
圆，放入烤盘，包上保鲜膜，放入冰箱
中冷冻7～8分钟，取出，拍扁。

❹ 红豆打成红豆泥，包进面团中擀扁，
用刀片在面团上划出枫叶的纹路，放入
烤箱中发酵至两倍大。取出，刷上一层
蛋液，撒上白芝麻，放入烤箱，以上火
185℃、下火175℃烤17分钟。

■ 关键步骤

1

2

3

4

■ 制作笔记

● 面团放入冰箱中冷冻7～8分钟，可以让面团稍微收缩一下，更利于后面的操作。

培根面包

用不肥不腻的培根放在面包表面，能够紧紧锁住面包的浓香。

■ 材料

面团：高筋面粉 300 克，细砂糖 60 克，盐 6 克，酵母 4.5 克，改良剂 4.5 克，全蛋液 30 毫升，黄油 30 克，水 165 毫升，培根 4 片

辅料：沙拉酱适量

■ 工具

玻璃碗，电子秤，烤箱，刷子，裱花袋

■ 做法

❶ 酵母、改良剂、细砂糖倒入高筋面粉中，倒在案台上开窝。倒入全蛋液、水，揉匀。

❷ 倒入盐，和匀。加入黄油，继续揉匀。用玻璃碗盖住，松弛 10 ~ 15 分钟。

❸ 将面团分成 70 克每个的小面团，拍扁，卷起来。

❹ 搓成长条形，弯成一个圈，一头穿过去，均匀地放入烤盘中，再放入烤箱发酵至两倍大。

❺ 取出，刷上蛋液，放上培根，挤上沙拉酱做装饰。

❻ 将面包生坯放入预热好的烤箱，以上火 190℃、下火 175℃烤 18 分钟。

■ 关键步骤

■ 制作笔记

● 挤上沙拉酱，面包的口感更好哦！

看视频学烘焙

香蕉蛋糕

香蕉香甜，蛋糕松软，做出的香蕉蛋糕既香甜又松软。

■ 材料

香蕉 210 克，细砂糖 150 克，全蛋液 100 毫升，低筋面粉 220 克，小苏打 4 克，泡打粉 4 克，大豆油 100 毫升

■ 工具

电动打蛋器，裱花袋，刮刀，蛋糕纸杯，烤箱，小刀，玻璃碗

■ 做法

❶ 香蕉剥皮切成丁，倒入细砂糖，用电动打蛋器搅打顺滑，加入全蛋液，继续搅打均匀。

❷ 加入小苏打、泡打粉搅拌均匀。

❸ 分次加入低筋面粉，继续用电动打蛋器搅拌均匀。

❹ 分次倒入大豆油继续搅拌至匀，制成香蕉糊。

❺ 将香蕉糊装入裱花袋中，挤进蛋糕纸杯约八分满，放入预热好的烤箱中，以上火 180℃、下火 160℃烤 30 分钟。

■ 关键步骤

柠檬玛芬蛋糕

季节变化，口味也会随之变化，但是对甜品的欲望不会减弱，酸甜又爽口的味道很重要。

■ 材料

全蛋液 70 毫升，细砂糖 20 克，泡打粉 3 克，高筋面粉 30 克，黄油 16 克，柠檬皮屑 1 小勺，柠檬汁 7 毫升，色拉油 20 毫升

■ 工具

玻璃碗，刮刀，不锈钢盆，电磁炉，不锈钢碗，打蛋器，筛网，裱花袋，蛋糕纸杯，烤箱

■ 做法

❶ 全蛋液倒入玻璃碗中打散，倒入细砂糖，搅拌均匀。

❷ 黄油隔水融化，倒入打散的蛋液中搅拌均匀。

❸ 倒入碎柠檬皮屑、柠檬汁、色拉油搅拌均匀。

❹ 将泡打粉倒入高筋面粉中混匀，筛入全蛋糊中搅拌成能够流动的面糊。

❺ 用刮刀将面糊刮入裱花袋中，挤进蛋糕纸杯中，放入预热好的烤箱以上火 160℃、下火 160℃烤 10 分钟后，转炉，以上火 160℃、下火 180 ℃继续烤 20 分钟。

■ 关键步骤

■ 制作笔记

● 柠檬汁有调味作用，可以去除鸡蛋的腥味，使鸡蛋的香味更加醇和。

可可玛芬蛋糕

休闲的时刻，给自己做一款巧克力风味的小甜点吧！可可的苦香会顺着舌尖飘进你的胃里。

■ 材料

全蛋液 90 克，红糖 80 克，泡打粉 4 克，低筋面粉 100 克，可可粉 25 克，色拉油 20 毫升，黄油 30 克，金橘适量

■ 工具

打蛋器，玻璃碗，不锈钢碗，电磁炉，筛网，刀，烤箱，裱花袋，纸杯，刮刀

■ 做法

❶ 全蛋液倒入玻璃碗中打散，用筛筛网入红糖，搅拌均匀。

❷ 黄油倒入不锈钢碗中隔水融化，倒入蛋糊中，搅拌均匀。

❸ 倒入色拉油，继续搅匀。

❹ 将泡打粉倒入低筋面粉中混匀，倒进筛网中，再倒入可可粉，筛进蛋糊中，搅拌均匀。

❺ 用刮刀将面糊刮进裱花袋中，挤入纸杯中。

❻ 金橘切成片，装饰在可可糊表面，放入烤箱中，以上火 180℃、下火 160℃烤 30 分钟。

■ 关键步骤

1

5

小球藻面包

小球藻面包，光滑的外皮，柔软的内在，甜蜜的心，风味十足。

■ 材料

高筋面粉 250 克，黄油 60 克，细砂糖 35 克，蛋液 15 毫升，奶粉 10 克，盐 2.5 克，干酵母 5 克，水 125 毫升，球藻粉 3 克，奶酪 50 克，红豆 20 克，蔓越莓 10 克

■ 工具

烤箱，刮板，蛋糕纸杯，刷子，橡皮刮刀，打蛋器，电子秤，刷子，玻璃碗

■ 做法

❶ 酵母、细砂糖、奶粉、盐倒入高筋面粉中，倒在案台上开窝，倒入蛋液，分次倒入水，混匀，揉至八成，能拉出一层透明的薄膜。

❷ 加入黄油，继续揉面，稍加摔打，使其混合均匀，能拉出一层透明的薄膜。加入球藻粉拌匀，静置 10 ~ 15 分钟。

❸ 奶酪打散，加入红豆和蔓越莓拌匀，制成馅料。

❹ 将面团分割成 65 克每个的小面团，揉圆，包入馅料，放入蛋糕纸杯中，发酵至原来的一倍大。

❺ 取出发酵好的面团，刷上一层蛋液，放入预热好的烤箱中，以上火 175℃、下火 160℃烤 8 分钟即可。

■ 关键步骤

看视频学烘焙

■ 制作笔记

● 球藻粉可以提前加入高筋面粉中拌匀，这样更易混合均匀，制成球藻面团。

葡萄奶酥

黄油和奶粉赋予了食物非常酥松且奶香味十足的口感，搭配上蛋黄，别有一番浓郁的风味。

■ 材料

低筋面粉 180 克，蛋黄 3 个，黄油 80 克，葡萄干 60 克，奶粉 12 克，细砂糖 50 克

■ 工具

电动打蛋器，擀面杖，刀，高温布，烤箱，刮板，玻璃碗，刷子

■ 做法

❶ 黄油室温下软化后，用电动打蛋器搅拌一下，然后加入细砂糖打散。

❷ 分次加入蛋黄打发，加入奶粉拌匀，接着加入部分低筋面粉稍加拌匀后，将材料倒在案台上。

❸ 加入剩余的低筋面粉，拌匀后加入葡萄干搅拌，揉成一个均匀的面团。

❹ 用擀面杖将面团擀成厚约 1 厘米的面片，再用刀切成小长方形面片。

❺ 将小长方形面片排列好放入垫有高温布的烤盘里，并在表面刷上一层打散的蛋黄液。

❻ 将烤盘放入预热好的烤箱中，以上火 170℃、下火 140℃烤 15 分钟左右，至其表面金黄色即可。

■ 关键步骤

看视频学烘焙

苹果麦芬

烤出的苹果呈橘黄色，流出的苹果汁都渗透到面包里，给面包增加了天然的甜味。

■ 材料

细砂糖 50 克，黄油 60 克，低筋面粉 30 克，全蛋液 35 毫升，低筋面粉 80 克，泡打粉 3 克，盐 1 克，牛奶 40 毫升，苹果丁 60 克

■ 工具

电动打蛋器，打蛋器，刮刀，玻璃碗，模具，冰箱，打蛋器，蛋糕纸杯，模具，烤箱，裱花袋

■ 做法

❶ 10 克黄油、10 克细砂糖倒入玻璃碗中，加入 30 克低筋面粉，搓散成粒，倒入小玻璃碗中，放入冰箱冷冻至硬。

❷ 将 50 克黄油、40 克细砂糖倒入玻璃碗中按压搅拌并用电动打蛋器打至发白。用打蛋器将全蛋液打散，分次倒入黄油中搅打均匀。倒入低筋面粉、泡打粉、盐搅拌均匀至无粉粒状态。

❸ 分次加入牛奶搅拌均匀，制成麦芬糊，用刮刀刮入裱花袋中，挤入套有纸杯的模具八分满，放上几粒苹果丁点缀，再挤一层麦芬糊在纸杯上，最后放上几粒苹果丁。

❹ 取出冷藏后的酥粒，捏碎，撒在苹果丁上。

❺ 将蛋糕生坯放入烤箱，以上火 160℃、下火 160℃烤 10 分钟后，转炉以上火 160℃、下火 180℃继续烤 20 分钟。

■ 关键步骤

  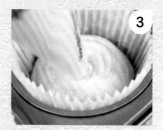

■ 制作笔记

● 烤 10 分钟后继续转炉烤 20 分钟，可以使麦芬受热均匀，烘烤出的颜色更好看。

看视频学烘焙

焦糖布丁

烤出来的布丁，杯底的焦糖从顶部流到底部，吃起来的每一口都是满满的焦糖味。

材料

水 15 毫升,细砂糖 75 克,牛奶 100 毫升,全蛋液 45 毫升,香草精 0.3 毫升

工具

电磁炉,奶锅,刮刀,打蛋器,瓷杯,玻璃碗,温度计,筛网,保鲜膜,勺子

做法

❶ 水、60 克细砂糖倒入奶锅中不搅拌,慢火煮成焦细砂糖,倒入瓷杯中。

❷ 全蛋液、15 克的细砂糖倒入玻璃碗中,打散。

❸ 牛奶、香草精倒入奶锅中,煮至 40℃,至细砂糖融化。

❹ 将牛奶混合液一边搅拌一边加入全蛋糊中,筛网过筛制成布丁液。

❺ 在布丁液上盖一层保鲜膜,掀开一个口,隔泡,用勺子将布丁水舀入瓷杯中。

❻ 瓷杯放入烤盘,在烤盘中倒入水,放入预热好的烤箱中,以上火 150℃、下火 120℃烤 40 分钟,取出,脱模。

关键步骤

2

4

5

6

制作笔记

●细砂糖水加热过程中,不能搅拌,直接慢火煮成焦细砂糖。

香蕉派

香蕉适合做成各种口味的甜点，其本身也会给各种甜点增加独特的风味。

■ 材料

派皮： 黄油 45 克，冷水 15 毫升，低筋面粉 100 克，糖粉 10 克

派馅： 巧克力 250 克，淡奶 300 毫升，全蛋液 100 毫升，蛋黄 60 克，香蕉 3 根

■ 工具

玻璃碗，刮板，派模，不锈钢盆，电磁炉，刮刀，打蛋器，烤箱，刀

■ 做法

❶ 黄油、糖粉倒入玻璃碗中搅拌至发白，倒入冷水继续搅拌。

❷ 倒入低筋面粉，搅拌均匀后倒在案台上，切拌均匀，制成派皮。

❸ 将派皮放入派模中，按压整形，削去周边多余的派皮制成派底。

❹ 淡奶、巧克力倒入不锈钢盆中，隔水加热至巧克力融化时，停止加热，倒入全蛋液，搅匀，然后倒入蛋黄，搅拌至顺滑，制成派馅。

❺ 将派馅倒在派皮上，放进烤箱，以上下火 170℃烤 30 分钟，取出，脱模。

❻ 香蕉切成段，均匀地摆在派上，摆成一个弧形，依次摆入，直到摆满为止。

■ 关键步骤

看视频学烘焙

看视频学烘焙

草莓挞

新鲜的草莓铺在烤好的挞派上，挞外酥里嫩，搭配上草莓自然的甜味，幸福感可想而知。

■ 材料

低筋面粉 100 克，黄油 75 克，冷水 15 毫升，糖粉 10 克，细砂糖 83 克，淡奶 166 毫升，牛奶 166 毫升，吉士粉[①] 13 克，粟粉[②] 26 克，水 33 毫升，全蛋液 50 毫升，蛋黄 75 克，草莓适量

■ 工具

玻璃碗，刮板，挞模，打蛋器，锡箔纸，黄豆，奶锅，电磁炉，裱花袋，烤箱，刀

■ 做法

❶ 45 克黄油、糖粉倒入玻璃碗中搅拌均匀。

❷ 倒入冷水，搅匀，再倒入低筋面粉搅拌成大颗粒状。

❸ 倒在案台上切拌均匀，按压成长条形，分成小剂子，放在挞模上按压整形，削平，制成挞底。

❹ 在挞底上垫一层锡箔纸，放上黄豆，放入预热好的烤箱中以上下火 170℃，烤 20 分钟。

❺ 蛋黄、全蛋液倒入玻璃碗中搅拌打散，倒入水，搅拌均匀，然后倒入吉士粉搅拌均匀，倒入粟粉，继续搅拌至成糊状。

❻ 牛奶、淡奶、细砂糖、25 克黄油倒进奶锅中煮开，倒进蛋黄糊中搅拌均匀，再倒回奶锅中煮成糊状，倒入玻璃碗中放凉。

❼ 取出烤好的挞皮，脱模，将放凉的糊状物装入裱花袋中，挤入挞皮中。

❽ 草莓切成片状，装饰在挞上。

■ 关键步骤

注：①吉士粉：是一种混合型香粉料，呈淡黄色粉末状，具有浓郁的奶香味和果香味。
②粟粉：是用玉米制成的淀粉。

巧克力脆棒

口味浓郁的巧克力包裹着酥脆的饼干，样子可爱，口感颇佳。

■ 材料

主料：低筋面粉 100 克，全蛋液 5 毫升，黄油 25 克，白砂糖 20 克，奶粉 10 克

辅料：盐少许，黑巧克力 100 克，白巧克力 20 克

■ 工具

不锈钢盆，刮刀，玻璃碗，电磁炉，刮板，刀，烤箱，镊子，高温布，裱花袋，擀面杖

■ 做法

❶ 黄油倒入不锈钢盆中，隔水搅拌融化。

❷ 低筋面粉、白砂糖、奶粉、盐倒入玻璃碗中搅拌，倒入全蛋液，用手和匀，再倒入融化了的黄油和匀。

❸ 倒在案台上，用手按压，切拌均匀。

❹ 用擀面杖擀成厚薄均匀的面片。

❺ 面片用刀切成长条，放入烤箱中，以上火 160℃、下火 130℃烤 20 分钟。

❻ 黑、白巧克力分别放入不锈钢盆中隔水加热搅拌至融化。

❼ 用镊子夹起烤好的脆棒放在巧克力糊中翻转，使其沾满黑巧克力液，均匀地摆放在垫有高温布的烤盘上。

❽ 白巧克力液装进裱花袋中，快速洒在脆棒上。

■ 关键步骤

看视频学烘焙

看视频学烘焙

巧克力玛芬蛋糕

巧克力玛芬蛋糕颜色浓重，味道中充满了香气。可可和黄油的搭配使烤出来的面包充满诱惑。熟睡一晚之后，吃一块巧克力玛芬来唤醒大脑，再配上一杯红茶，真是一个不错的选择。

■ 材料

低筋面粉 200 克，黑巧克力 100 克，黄油 150 克，盐 2 克，泡打粉 5 克，牛奶100 毫升，无糖可可粉 20 克，鸡蛋 3 个，细砂糖 140 克，巧克力豆适量

■ 工具

玻璃碗，橡皮刮刀，打蛋器，蛋糕纸杯，面粉筛，烤箱，电动打蛋器，裱花袋

■ 做法

❶ 将黑巧克力和黄油分别隔水加热融化，混合搅拌均匀后备用。

❷ 鸡蛋加入牛奶和细砂糖搅拌均匀。

❸ 泡打粉、无糖可可粉依次加入低筋面粉中拌匀后过筛，加入盐拌匀。

❹ 分次加入鸡蛋牛奶混合液中切拌匀。

❺ 加入黄油巧克力混合液，用电动打蛋器高速搅打 3 分钟。

❻ 把打好的面糊装入裱花袋，挤入蛋糕纸杯中八分满，再放入少许巧克力豆装饰。

❼ 将玛芬生坯放入预热好的烤箱中，上下火 175℃烤 30 分钟即可。

■ 关键步骤

■ 制作笔记

● 将面糊挤入杯中时，切忌挤满，因为面糊在烘烤的过程中会膨胀。

迷你布朗尼

迷你布朗尼，一款暖心小甜品，简单易做，一口就能吃下好几个。

材料

主体：低筋面粉 90 克，可可粉 10 克，黄砂糖 50 克，葡萄糖浆 20 克，盐 0.5 克，泡打粉 1 克，鸡蛋 100 克，无盐黄油 80 克，黑巧克力 50 克

表层：胡桃，杏仁，开心果，腰果适量

工具

打蛋器，筛网，橡皮刮刀，微波炉，裱花袋，玛芬模具，烤箱

做法

❶ 将蛋液打匀，拌入黄砂糖、葡萄糖浆和盐。

❷ 筛入低筋面粉、可可粉和泡打粉，用橡皮刮刀搅拌成均匀的面糊。

❸ 将黑巧克力和无盐黄油一起放入微波炉中融化，再用打蛋器搅拌均匀。

❹ 倒入面糊中搅拌均匀。

❺ 将巧克力面糊装入裱花袋中。

❻ 在玛芬模上涂上无盐黄油，挤入八分满的面糊并放上坚果。

❼ 最后，放进预热至 165℃ 的烤箱中烘烤约 15 分钟即可。

关键步骤

看视频学烘焙

奶黄包

奶黄包是一种很传统的广式甜点，广东人喜欢喝早茶的时候点上一笼，配上砌好的香片，慢慢品尝它浓郁的奶香。

■ 材料

面团： 高筋面粉 250 克，黄油 60 克，细砂糖 35 克，蛋液 15 毫升，奶粉 10 克，盐 2.5 克，酵母 5 克，水 125 毫升

奶黄馅： 黄油 110 克，细砂糖 100 克，奶粉 80 克，鸡蛋 4 个，玉米淀粉 50 克

装饰： 黄油 10 克，细砂糖 10 克，低筋面粉 35 克

■ 工具

烤箱，保鲜膜，冰箱，刮板，刷子，电子秤，电动打蛋器，玻璃碗

■ 做法

❶ 将酵母、细砂糖、奶粉加入高筋面粉中，倒在案台上开窝，加入蛋液，分次倒入水，揉匀。

❷ 加入盐，揉至能拉出一层透明的薄膜。加入黄油，稍加摔打，使其混匀，能拉出一层透明的薄膜。

❸ 将面团包上一层保鲜膜，静置 10 ~ 15 分钟。

❹ 馅料制作：黄油倒入玻璃碗中打散，加入细砂糖继续搅打，分次加入鸡蛋搅拌均匀。

❺ 加入奶粉拌匀，再加入玉米淀粉拌匀，用保鲜膜封起来冷冻半个小时制成内馅，取出。

❻ 将面团分割成 70 克每个的小面团，揉圆，包入内馅，常温发酵至两倍大。

❼ 10 克黄油倒在案台上，加入 10 克细砂糖，用刮板混合均匀，加入低筋面粉拌匀制成装饰材料。

❽ 取出发酵好的面团，刷上一层蛋液，撒上做好的装饰材料，放入预热好的烤箱中，以上火 180℃、下火 160℃ 的温度烤 8 分钟，至其表面呈金黄色即可出炉。

■ 关键步骤

5

6

8

牛奶吐司

吐司中最简单的一款，外表简单，内里绵白，口感相当"高雅"。

■ 材料

高筋面粉 500 克，奶粉 20 克，蛋清 80 毫升，盐 12 克，细砂糖 100 克，牛奶 120 毫升，炼乳 40 毫升，酵母 5 克，改良剂 3 克，水 80 毫升，白油 70 克

■ 工具

刮板，玻璃碗，电子秤，擀面杖，吐司模，烤箱

■ 做法

❶ 改良剂、酵母、奶粉、细砂糖倒入高筋面粉中混匀，倒在案台上开窝，倒入蛋清、炼乳、牛奶、水混合均匀，揉至无粉粒状态，倒入盐，揉至均匀。

❷ 加入白油，继续揉面，可在案台上稍加摔打，使白乳油和面团充分混合，揉至八成，盖上玻璃碗，静置 10 ～ 15 分钟。

❸ 将面团分成 4 个 225 克每个的小面团，用擀面杖将面团擀开，按压底部，然后卷起来。

❹ 每两个小面团放进一个吐司模中，放入烤箱中发酵至两倍大。

❺ 将面包生坯放入烤箱中，以上火 165℃、下火 220℃烤 26 分钟。

■ 关键步骤

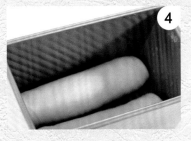

看视频学烘焙

看视频学烘焙

斑马吐司

拥有斑马纹路的吐司面包，美感与口感兼得的全新体验。

高筋面粉 300 克，全蛋液 70 毫升，细砂糖 70 克，酵母 6 克，盐 4 克，水 135 毫升，黄油 35 克，竹炭粉 2 克，低筋面粉 30 克，牛奶 60 毫升，全蛋液 35 毫升

■ 工具

保鲜膜，冰箱，锅，刮刀，擀面杖，刮板，吐司模，烤箱，电磁炉

■ 做法

❶ 35 克细砂糖、酵母倒进高筋面粉中，倒在案台上开窝，倒入 35 毫升全蛋液，分次倒入水，和匀。

❷ 加入盐，揉匀，倒入 25 克黄油，稍加摔打，使其混合均匀。将面团按扁，用保鲜膜包起来，放入冰箱冷冻松弛，取出，擀开。

❸ 牛奶、蛋液、35 克细砂糖、10 克黄油混匀，倒入锅内，加热搅拌至细砂糖和黄油融化。低筋面粉、竹炭粉混匀倒入锅中煮至黏稠大酱状时关火。

❹ 用保鲜膜包住，放入冰箱中冷冻 7 ~ 8 分钟，取出，撕掉保鲜膜，擀开，放在面团上包起来，用擀面杖擀扁，再折一次，擀扁，卷起来，用刮板切平两边。

❺ 放入吐司模，放进烤箱发酵至两倍大。然后，以上火 195℃、下火 220℃烤 26 分钟。

■ 关键步骤

2

3

4

5

红豆吐司

吐司有多松软，红豆有多蜜甜，品尝之后才会知道。

■ 材料

高筋面粉 250 克，细砂糖 30 克，
盐 5 克，干酵母 4 克，炼乳 15 克，
全蛋液 10 毫升，水 150 毫升，
黄油 25 克，熟红豆 100 克

■ 工具

刮板，玻璃碗，均质机，擀面杖，
吐司模，烤箱

■ 做法

❶ 细砂糖、酵母、炼乳、全蛋液倒入高筋面粉中，倒在案台上开窝，倒入水，混匀，和面，稍加摔打，揉至无粉粒状态。

❷ 加入盐，揉至八成，能拉出一层薄膜。

❸ 用玻璃碗盖上，静置 10 ~ 15 分钟。

❹ 加入黄油，稍加摔打，揉至能拉出一层透明的薄膜，用玻璃碗盖起来，静置 10 ~ 15 分钟。

❺ 用均质机将熟红豆打成泥。把面团拍扁，包进红豆馅，团圆，用擀面杖擀开。

❻ 用刮板切成 3 个长条，顶端不切断，以编辫子的形式编起来，折叠一下，放入吐司模中，放进烤箱发酵至两倍大。

❼ 将发酵好的吐司面团生坯放入预热好的烤箱中以上火 190℃、下火 200℃烤 28 分钟。

■ 关键步骤

5

6

看视频学烘焙

看视频学烘焙

德国布丁

喜欢德国布丁金黄的颜色，也喜欢德国布丁的形状，诠释出一种
简单的美好。

■ 材料

无盐黄油 100 克，低筋面粉 133 克，糖粉 25 克，蛋黄 100 克，白砂糖 55 克，牛奶 175 毫升，淡奶油 110 毫升

■ 工具

玻璃碗，刮刀，刮板，擀面杖，刻模，模具，电磁炉，奶锅，打蛋器，温度计，保鲜膜，火枪，转盘，冰箱，烤箱，勺子，筛网

■ 做法

❶ 无盐黄油倒入玻璃碗中按压，倒入糖粉，按压均匀，再倒入低筋面粉搅拌均匀，用保鲜膜包起来，放入冰箱中冷藏至硬，取出。

❷ 案台上撒少许低筋面粉，将冷冻好的生坯擀成厚薄均匀的面片，用刻模刻出均匀的形状，放入模具中，震几下，削平，放入冰箱中冷冻至硬，取出。

❸ 蛋黄、白砂糖倒入玻璃碗中打散，牛奶倒入奶锅中加热至 40℃，倒入蛋黄糊中搅匀，再倒入淡奶油搅拌均匀，过筛制成布丁水，半边盖上保鲜膜，用勺子将布丁水舀进酥皮里。

❹ 将生坯放入预热好的烤箱，以上火210℃、下火 200℃烤 20 分钟，然后冷冻 1 个小时至硬脱模即可。

■ 关键步骤

■ 制作笔记

● 将布丁水盖上一层保鲜膜，可以防止气泡的产生。

蓝莓木糠布丁

很多没有做过烘焙的人都惊奇于木糠的存在，其实它的做法很简单，简单到让你更加惊奇。

■ 材料

玛丽饼干①6 块，淡奶油 100 毫升，蓝莓果酱 15 克，炼乳 30 克，香草精 2 ~ 3 滴

■ 工具

擀面杖，裱花袋，玻璃杯，电动打蛋器，玻璃碗，刮刀

■ 做法

❶ 将玛丽饼干放入裱花袋中，用擀面杖敲碎碾压呈木糠状，倒入玻璃碗中待用。

❷ 将淡奶油、香草精倒入玻璃碗中，用电动打蛋器打至七成发，提起时奶油尖端呈钩形。

❸ 加入蓝莓果酱搅拌均匀，然后加入炼乳继续搅拌成蓝莓奶油。

❹ 将蓝莓奶油装入裱花袋，在玻璃杯底部先挤上一层蓝莓奶油，铺上饼干屑，再挤上一层蓝莓奶油，重复这个过程直至容器的九分满，冷藏 4 个小时取出即可。

■ 关键步骤

看视频学烘焙

注：①玛丽饼干：是一种经典硬饼干，质地结实，奶味浓郁，含油量少。

椰子芒果慕斯

慕斯没有果冻的弹口，它是一种入口即化的体验。

■ 材料

椰浆 83 毫升，白砂糖 64 克，淡奶油 67 毫升，芒果果泥 200 克，凝固的吉利丁水 31 克，淡奶 233 毫升，果冻、芒果各适量

■ 工具

奶锅，刮刀，电磁炉，温度计，玻璃杯，裱花袋，电动打蛋器，刀，玻璃碗，冰箱

■ 做法

❶ 60% 芒果果泥、47 克的白砂糖倒入奶锅中烧开，再倒入 40% 芒果果泥搅拌均匀，加入 24 克凝固的吉利丁水，搅匀后倒入玻璃碗中。

❷ 椰浆、17 克白砂糖倒入奶锅中煮至 80℃停止加热，倒入 7 克凝固的吉利丁水拌匀，倒入玻璃碗中放凉。

❸ 淡奶倒入玻璃碗中，用电动打蛋器打发，刮出少许，放下芒果糊中，搅匀后分次倒入淡奶中混合均匀，然后刮入裱花袋中，每个玻璃杯中挤 40 克，然后放入冰箱冷冻至硬，取出。

❹ 淡奶油用电动打蛋器打发，倒入椰浆拌匀，倒入裱花袋中，挤 30 克在冷冻好的芒果底上，再放入冰箱冷冻至硬，取出。

❺ 芒果去核切丁，放入冷冻好的玻璃杯中，再放入果冻装饰。

■ 关键步骤

奶香芒果布丁杯

一款很简单的布丁杯的做法，布丁杯经低温冷藏后，口感更加浓郁。

■ 材料

切好的芒果丁 400 克，淡奶 100 毫升，牛奶 100 毫升，细砂糖 50 克，吉利丁片 10 克

■ 工具

均质机，刮刀，温度计，奶锅，电磁炉，剪刀，裱花袋，筛网，冰箱，模具杯

■ 做法

❶ 取一半的芒果丁和淡奶一起打成芒果泥。

❷ 牛奶和细砂糖一起小火加热至 80℃时关火，倒入泡软的吉利丁片，拌匀。

❸ 继续搅拌使温度凉至 28℃左右，再分次倒入芒果泥中拌匀，倒入筛网中过筛。

❹ 将过筛后的芒果糊装入裱花袋中，挤入模具杯中至八分满，放入冰箱中冷藏 2 小时后取出，放上剩余的芒果丁进行装饰。

■ 关键步骤

 1
 3
 4

看视频学烘焙

■ 制作笔记

● 吉利丁片需要提前泡软。
● 布丁杯冷藏时间越久口感越好。

蛋奶炼乳布丁

样子很像蒸蛋，但比蒸蛋口感好、营养高的炼乳布丁。

■ 材料

牛奶 350 毫升，全蛋液 150 毫升，炼乳 5 勺，香草精适量，蜂蜜少许，草莓少许

■ 工具

打蛋器，玻璃碗，电磁炉，刮刀，瓷杯，筛网，量杯，保鲜膜，不锈钢盆，温度计，蒸锅

■ 做法

❶ 牛奶、香草精、炼乳倒入不锈钢盆中加热至 80℃ 时停止加热，倒入玻璃碗中冷却 1 ~ 2 分钟。

❷ 全蛋液缓缓倒入奶液中，搅拌均匀后过筛，倒入量杯中，然后倒入瓷杯中，包上保鲜膜或者锡纸，放入蒸锅中，蒸 12 ~ 15 分钟。

❸ 取出蒸好的布丁杯，淋上蜂蜜，摆一颗草莓。

■ 关键步骤

第 3 章
烘焙制作毕业课

经过了前面的学习，相信很多朋友对烘焙已有所了解，对于一些简单的饼干、面包、小蛋糕都已能够手到擒来，但也对那些看起来很好看，营养价值相对较高的烘焙食物早已垂涎已久。现在就到了展示自己的时候了，一些颜色各异、造型好看的烘焙食物正在等着你哦！

面包造型

　　面包制作工艺是一项技术含量较高的工艺，操作者既要了解原料及辅料的功能、性能和操作的要求，还要根据个人的审美制作出精美的外形。面包造型时需要掌握捏、擀、卷、转、切、割的操作要领才能做出造型各异的面包。

圆形坯、方形坯的制作

圆形坯

❶ 准备一个 8 寸的蛋糕坯，将蛋糕的边缘修出圆角。

❷ 将蛋糕坯切成 3 等份，第一层先抹上鲜奶油，鲜奶油的量不宜多，以正好覆盖蛋糕坯为宜。

❸ 在抹好奶油的第一层蛋糕上放上水果丁，然后再抹上一层鲜奶油。

❹ 用少许的鲜奶油把蛋糕坯先涂满，这样做的目的是防止蛋糕屑被带起来。

❺鲜奶油装入裱花袋中，均匀地挤上一圈厚约2厘米的鲜奶油，挤时要注意线条与线条之间不能有空隙，也不能用奶油反复地在同一个地方挤线条，然后用刮片抹坯即可。

抹圆面易犯的错误

拿刮片时小拇指翘起，这样蛋糕的侧面就不容易抹直了。

抹面时刮片的顶部没有放在蛋糕的中心点处刮，刮片的尖部把面上的奶油铲起来了。

拿刮片时没有整体翘起，过于平，导致蛋糕的中间处总是抹不到。

方形坯

❶用方形模具压出方形蛋糕坯，蛋糕坯的厚度要达到6 ~ 7厘米。

❷在蛋糕侧面以来回拉直线的方式挤奶油，奶油的高度要比蛋糕坯略高一点。

❸侧面挤好奶油后，再在顶部挤上奶油。

❹用裱花袋以拉直线的方式挤上奶油，注意粗细要均匀，裱花袋要与蛋糕面呈30°角。

❺两手要配合好，一只手转转盘，另一只手均匀地挤奶油。

❻用刮板把顶部的奶油抹平，然后抹侧面时，刮板应垂直于转台，先刮平奶油，然后从侧面精修蛋糕面，每刮到尽头时，刮板要继续走直线，将刮下来的奶油从蛋糕体上带下来。

❼刮平顶部奶油时，要将面分为几等分来刮，每刮一下都要从边缘开始向蛋糕的另一边刮。

❽一个抹好的方形面应该是直角分明，顶部四边很直，侧边没有奶油外凸的现象，蛋糕表面有光泽，没有明显气泡。

葱香芝士面包

香葱的扑鼻香和芝士的奶香在烤箱的烘烤下，香飘满屋。

■ 材料

面团：高筋面粉 250 克，黄油 60 克，白砂糖 35 克，蛋液 15 毫升，奶粉 10 克，盐 2.5 克，干酵母 5 克，水 125 毫升

馅料：葱汁 80 克，黄油 120 克盐 2 克，芝士 10 克

■ 工具

烤箱，擀面杖，刀片，裱花袋，保鲜膜，电子秤，刷子，刮板

■ 做法

❶ 制作面团：将酵母、白砂糖、奶粉倒入高筋面粉中拌匀，在案台上开窝，加入蛋液，分次倒入水揉成团后继续加盐揉 3 分钟，揉至能拉出一层薄膜。

❷ 加入黄油继续揉面，可稍加摔打使其混合均匀，至能拉出一层透明的薄膜。

❸ 将面团盖上一层保鲜膜，静置 10 ~ 15 分钟后，将面团分割成 80 克每个的小面团，用擀面杖压平后卷起来。

❹ 常温发酵至原来面团的两倍大小，每隔一段时间需在面团上喷一次水。

❺ 制作馅料：黄油中加入盐拌匀，再加入葱汁拌匀，做成馅料。

❻ 在发酵好的面团上刷一层蛋液，并在表面竖着划上一条口子，在口子中用裱花袋挤入馅料，撒上芝士。

❼ 将生坯放入预热好的烤箱中，上火 180℃、下火 165℃烤 8 分钟左右即可。

■ 关键步骤

5

6

看视频学烘焙

棉花糖

棉花糖以其萌宠的造型抓住了小朋友和大朋友的心，棉花糖松松软软，有一定的蓬松度。

■ 材料

蛋白 35 克，细砂糖 150 克，葡萄糖浆 50 克，水 30 克，吉利丁 10 克，香草精 4 克，玉米淀粉适量

■ 工具

锅，电磁炉，调理碗，电动打蛋器，保鲜膜，方形慕斯模，刀

■ 做法

❶ 将细砂糖倒入锅里，再倒入葡萄糖浆、水，加热至沸腾，制成糖水。

❷ 将泡软的吉利丁加热至融化。

❸ 将蛋白倒入调理碗中，用电动打蛋器打发至蛋白发泡、尖端会滴下来的状态。倒入细砂糖水，边倒边用电动打蛋器搅拌均匀。

❹ 加入香草精继续搅拌，倒入融化的吉利丁拌匀。

❺ 倒入底部封好保鲜膜的方形慕斯模中。

❻ 放在透风的地方约 1 个小时至凝固。

❼ 取出，在上面撒上些许玉米淀粉并脱模。

❽ 最后，用刀切出适当大小的小方块即可。

■ 关键步骤

■ 制作笔记

● 撒上玉米淀粉可以起到防粘的作用。

榛子巧克力夹心饼干

榛子做饼干，榛子做内馅，满满都是榛子味。

■ 材料

饼干配料：低筋面粉 100 克，黄油 80 克，糖粉 50 克，烤熟的榛子 75 克，全蛋液 15 毫升，盐 1.25 克

馅料：黑巧克力 40 克，黄油 20 克，淡奶油 20 毫升，烤熟的榛子 25 克

■ 工具

调理机，打蛋器，玻璃碗，刮刀，冰箱，刀，不锈钢盆，电磁炉，烤箱，裱花袋

■ 做法

❶ 把 50 克烤熟的榛子、糖粉倒入调理机中打成粉末状，倒进玻璃碗中。

❷ 80 克黄油、盐倒入玻璃碗中打至发白，倒入全蛋液继续打发。

❸ 倒入榛子粉搅拌均匀，再倒入低筋面粉继续搅拌，倒在案台上，捏成面团。

❹ 将面团擀成长条形，按压整形，放入冰箱中冷冻至硬。

❺ 馅料：黑巧克力、淡奶油、20 克黄油隔水融化，倒入 25 克烤熟的榛子搅匀，放凉后放入冰箱冷藏至稍硬，取出。

❻ 取出冷藏好的面团长条，放在案板上，切成厚薄均匀的片状。

❼ 放入预热好的烤箱，上火 160℃、下火 130℃烤 14 分钟，取出。

❽ 将馅料装入裱花袋，均匀地挤在一片饼干上，然后再盖上一片饼干即可。

■ 关键步骤

看视频学烘焙

巧克力熔岩蛋糕

能流出"熔岩"的蛋糕，馥郁浓黑的巧克力浆，已不能用满足来表达。

■ 材料

蛋糕体：蛋黄 70 克，白砂糖 125 克，牛奶 75 毫升，巧克力 210 克，黄油 113 克，蛋清 105 毫升，可可粉 25 克，小苏打 3 克，低筋面粉 150 克

馅料：淡奶 20 毫升，牛奶 106 毫升，黄油 49 克，巧克力 167 克，葡萄糖浆 15 毫升

■ 工具

电动打蛋器，均质机，刮刀，刮板，奶锅，电磁炉，玻璃碗，不锈钢盆，电磁炉，温度计，裱花袋，蛋糕杯，刷子，烤箱

■ 做法

❶ 馅料：将黄油、牛奶、葡萄糖浆、淡奶倒入奶锅中搅拌，中火煮至大开。

❷ 巧克力掰碎，倒入奶锅中搅拌至融，倒入玻璃碗中，再用均质机打 1 分钟，然后放入冰箱中冷藏至凝固。

❸ 蛋糕体：蛋黄、50 克白砂糖倒入玻璃碗中搅拌均匀。黄油、牛奶、巧克力倒入不锈钢盆中隔水加热，搅拌，用温度计测量至 45 ～ 50℃时停止加热，倒入蛋黄液中，搅至光滑状，制成蛋糕体。

❹ 将蛋清、75 克白砂糖倒入玻璃碗中，用电动打蛋器打至七成发，呈鸡尾状。

❺ 将低筋面粉、可可粉、小苏打倒入玻璃碗中混匀，分两次倒入打发好的蛋白中拌匀，再用刮板分多次刮入巧克力混合液拌匀，用刷子在蛋糕杯中刷一层黄油。

❻ 蛋糕体和馅料分别装入裱花袋中，将蛋糕体挤少许在杯中，再挤入馅料，然后挤入蛋糕体至八分满，放入预热好的烤箱中，上火 230℃、下火 200℃烤 8 分钟。

■ 关键步骤

1

2

5

6

看视频学烘焙

调理面包

调理面包是一种在烤制成熟前或成熟后于面包坯表面或内部添加各种馅料的面包。

■ 材料

面团：高筋面粉 300克，细砂糖 60克，盐 6克，酵母 4.5克，改良剂 4.5克，全蛋液 30毫升，黄油 30克，水 165毫升

馅料：培根 50克，马苏里拉奶酪 20克，沙拉酱 20克，黑椒粒 2克

■ 工具

刮刀，擀面杖，刷子，玻璃碗，电子秤，冰箱，烤箱

■ 做法

❶ 面团：细砂糖、盐、改良剂、酵母倒入高筋面粉中混匀，倒在案台上开窝，倒入全蛋液、水混合均匀，揉搓至无粉粒状态。

❷ 加入黄油，继续揉面，可在案台上稍加摔打，使黄油和面充分融合，揉成面团，用玻璃碗盖住静置 10 ~ 15 分钟。

❸ 馅料：培根切丁，放入玻璃碗中，倒入黑椒粒、马苏里拉奶酪、沙拉酱搅拌均匀。

❹ 将面团分成 70 克每个的小面团，搓圆，均匀地放入烤盘中，放入冰箱中冷冻 7 ~ 8 分钟，取出。

❺ 用擀面杖将小面团擀扁，再擀成上窄下宽、上厚下薄的形状，刮入馅料，卷起来，放入烤盘中，放进烤箱发酵至两倍大。

❻ 取出发酵好的生坯，刷上一层蛋液，装饰上马苏里拉奶酪，放入预热好的烤箱中，以上火 185℃、下火 175℃烤 15 分钟至熟即可。

■ 关键步骤

蔓越莓提子软欧包

单吃蔓越莓会觉得很酸，把它包进面包里，会是另一种味觉享受。

■ 材料

面团：高筋面粉 300 克，白砂糖 21 克，盐 7 克，改良剂 1.8 克，酵母 4.8 克，全蛋液 30 毫升，黄油 21 克，水 144 毫升，波兰种 72 克，汤种①60 克

馅料：提子 72 克，蔓越莓 60 克，白砂糖 18 克，水 42 毫升，葡萄酒 18 毫升

辅料：糖粉适量

■ 工具

玻璃碗，烤箱，刀片，筛网，电子秤，刮板

■ 做法

❶ 提子、蔓越莓、18 克白砂糖、葡萄酒、42 毫升水倒入玻璃碗中混匀制成馅料。

❷ 酵母、改良剂、21 克白砂糖倒入高筋面粉中混合，倒在案台上开窝，倒入全蛋液、144 毫升水、汤种、波兰种混合均匀，揉成面团。

❸ 加入黄油、馅料继续揉面，可在案台上适度摔打，使黄油、馅料与面团充分混合。

❹ 面团放入烤箱中发酵至两倍大，再分成 250 克每个的小面团 3 个。

❺ 将面团拍扁，整形成三角形，放入烤盘中，放进烤箱中发酵至两倍大。

❻ 筛入糖粉，用刀片沿着 3 个角划 3 刀，然后放入烤箱，以上火 190℃、下火 175℃烤 18 分钟。

■ 关键步骤

看视频学烘焙

注：①汤种：温热的面种或稀的面种。可取 350 毫升清水，加入 2 克盐和 10 克糖，大火煮沸，然后加入 100 克高筋面粉，一边倒入面粉一边搅拌，把面粉充分烫熟，冷却后即可使用。

台式水果面包

台式水果面包的特色在于用锯刀锯，只有锯开面包才能夹各种自己喜欢吃的馅料。

■ 材料

面团：高筋面粉 300 克，细砂糖 60 克，
盐 6 克，酵母 4.5 克，改良剂 4.5 克，
全蛋液 30 毫升，黄油 30 克，水 165
毫升
馅：草莓、芒果、蓝莓各适量，奶油适量
酥皮：糖粉 90 克，低筋面粉 160 克，
黄油 45 克，白油 6 克，蛋液 15 毫升

■ 工具

刮板，电子秤，保鲜膜，冰箱，玻璃碗，
电动打蛋器，烤箱，锯刀，刀，刮刀，
裱花袋

■ 做法

❶ 细砂糖、改良剂、酵母倒入高筋面粉中混匀，倒在案台上开窝，倒入全蛋液、
水，混匀，揉至无粉粒状态。

❷ 加入盐，揉至均匀，继续揉面至八成，加入 30 克黄油，可在案台上稍加摔打，
使黄油与面团混合均匀，盖上玻璃碗，松弛 10 ~ 15 分钟。

❸ 将面团分成 90 克每个的小面团，搓圆，放在烤盘上，盖上一层保鲜膜，放
入冰箱中，冷冻 7 ~ 8 分钟，取出。

❹ 酥皮：45 克黄油倒在案台上，搓开，倒入 15 毫升蛋液，搓匀，加入白油继续搓，
倒入糖粉，搓开，倒入低筋面粉，切拌按压均匀制成酥皮，放入玻璃碗中备用。

❺ 取一小块酥皮，搓圆，按扁，将小面团放在酥皮上包起来，均匀地放入烤盘中，
放进烤箱发酵 10 ~ 15 分钟。

❻ 发酵完后，以上火 180℃、下火 175℃烤 18 分钟，取出。

❼ 奶油用电动打蛋器打发，刮入裱花袋中，将面包从中间锯开，锯到底部且不
锯断。

❽ 草莓切成小块，奶油挤入切开的面包中间，装饰上草莓、芒果、蓝莓。

看视频学烘焙

焦糖苹果面包

用焦糖炒出来的苹果甜到嘴里，甜到心里，做出来的焦细砂糖苹果面包小嘴微张，可爱到不舍得下嘴。

■ 材料

面团：高筋面粉 300 克，白砂糖 60 克，盐 6 克，酵母 4.5 克，改良剂 4.5 克，全蛋液 30 毫升，黄油 30 克，水 165 毫升
馅料：苹果丁 330 克，糖粉 50 克，细砂糖 70 克，水 40 毫升，朗姆酒适量，牛奶 15 毫升

■ 工具

裱花袋，剪刀，玻璃碗，电子秤，保鲜膜，奶锅，刮刀，刷子，烤箱，电磁炉

■ 做法

❶ 面团：白砂糖、改良剂、酵母倒入高筋面粉中混匀，倒在案台上开窝，倒入全蛋液、水，混匀，揉至无粉粒状态。

❷ 加入盐，揉至均匀，继续揉面至八成，加入黄油，可在案台上稍加摔打，使黄油与面团混合均匀，盖上玻璃碗，松弛 10 ~ 15 分钟。

❸ 将面团分成 80 克每个的小面团，搓圆，放入烤盘，包上一层保鲜膜，放入冰箱冷冻 7 ~ 8 分钟，取出。

❹ 馅料：水、70 克细砂糖倒进奶锅中煮成焦细砂糖，倒进苹果丁翻炒，倒入朗姆酒，继续翻炒至收汁，倒入玻璃碗中。

❺ 牛奶倒进糖粉中，搅拌均匀，装进裱花袋。

❻ 小面团按压扁，包入苹果馅，捏紧口，均匀地放在烤盘上，放入烤箱中发酵至两倍大，取出。

❼ 在发酵好的面团上刷一层蛋液，用剪刀在面团上剪一个小口，装饰上牛奶糖粉混合液，放入烤箱中，以上火 180℃、下火 175 ℃烤 14 分钟。

■ 关键步骤

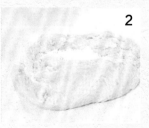
2

6

7

法式杏仁苹果派

用苹果片叠出来的苹果派，像微褶的裙边，美食也能做出艺术感。

■ 材料

派皮：黄油 75 克，糖粉 19 克，低筋面粉 100 克，

馅料：白砂糖 50 克，黄油 50 克，蛋液 50 毫升，杏仁粉 50 克，高筋面粉 5 克，朗姆酒 5 毫升，新鲜苹果片适量

■ 工具

打蛋器，模具，玻璃碗，刮刀，裱花袋，不锈钢盆，保鲜膜，不锈钢碗，冰箱，烤箱，电磁炉，裱花袋

■ 做法

❶ 派皮：黄油、糖粉倒入玻璃碗中搅匀，倒入低筋面粉搅匀，包上保鲜膜，放入冰箱冷冻至硬，取出。

❷ 馅料：黄油倒入不锈钢碗中，隔水加热至融，取出。

❸ 蛋液倒入玻璃碗中，倒入白砂糖拌匀，倒入杏仁粉拌匀，分次倒入融化的黄油搅匀，倒入高筋面粉和朗姆酒搅拌成糊状。

❹ 用擀面杖将派皮擀至厚薄均匀，放入派模中整形，削平，放入冰箱冻硬，取出。

❺ 内馅装入裱花袋中，画圈挤入派皮上，放入冰箱中冻硬，取出，依次叠上苹果片。

❻ 再放入预热好的烤箱中，以上火 210℃、下火 200℃烤 25 分钟，转炉以上火 170℃、下火 180℃继续烤 35 分钟。

❼ 取出烤好的杏仁苹果派，脱模即可。

■ 关键步骤

3

5

看视频学烘焙

看视频学烘焙

法式奶黄苹果派

烤熟之后撒上一层肉桂粉，细腻的红色粉末下苹果丁格外立体。

■ 材料

派皮：黄油 75 克，糖粉 19 克，低筋面粉 100 克

奶黄馅：细砂糖 50 克，粟粉 12 克，低筋面粉 9 克，蛋液 33 毫升，牛奶 200 毫升，无盐黄油 10 克，朗姆酒 5 毫升

炒苹果丁：黄油 8 克，白砂糖 10 克，蜂蜜 6 毫升，苹果丁 100 克，朗姆酒 10 毫升

■ 工具

擀面杖，刮刀，派模，刮板，保鲜膜，玻璃碗，锡纸，黄豆，打蛋器，奶锅，电磁炉，裱花袋，刀，烤箱，温度计

■ 关键步骤

1

4

■ 做法

❶ 派皮：黄油倒在案台上，搓开，倒入糖粉，继续搓。倒入低筋面粉，切拌匀，用保鲜膜包起，放入冰箱中冷冻至硬，取出。案台上撒一层低筋面粉，将生坯擀至厚薄均匀，放在派模上整形，削平周边，放入冰箱中冷藏至硬，取出。

❷ 奶黄馅：蛋液、25 克细砂糖倒入玻璃碗中打散，加入粟粉、低筋面粉搅拌均匀。

❸ 牛奶、无盐黄油倒入奶锅中加热至黄油融化。

❹ 倒入 25 克细砂糖，搅匀后倒入蛋糊中搅匀，再倒回奶锅中继续加热至浓稠状，倒入玻璃碗中降温至 50℃，加入朗姆酒，再放凉至常温。

❺ 炒苹果丁：黄油、白砂糖倒入奶锅中边搅拌边加热，倒入蜂蜜、苹果丁，继续搅拌至收汁，倒入朗姆酒，搅匀后倒入玻璃碗中。

❻ 取出冷藏好的派皮，铺上一层锡纸，倒入黄豆，放进烤箱，以上火 190℃、下火 170℃烤 13 分钟后，转炉继续烤 7 分钟，取出，放凉后剥掉锡纸。

❼ 奶黄馅装入裱花袋中，挤入派皮中，放入苹果馅进行装饰，然后放入冰箱中冷冻至硬，取出，用刀撬一下派边，脱出派底。

芝士榴莲派

金黄诱人的芝士榴莲派以新鲜榴莲果肉配软滑芝士，异常松软。

■ 材料

派皮：黄油 75 克，低筋面粉 130 克，糖粉 10 克，盐 1 克
馅料：榴莲肉 160 克，淡奶酪 90 克，马拉里苏芝士 200 克

■ 工具

烤箱，冰箱，叉子，派模，裱花袋，保鲜袋，擀面杖，均质机，电动打蛋器，玻璃碗

■ 做法

❶ 黄油用电动打蛋器打至顺滑，加入糖粉和盐拌匀。

❷ 加入低筋面粉拌匀，制成派皮，装入保鲜袋，放入冰箱冷藏半个小时，取出，擀成面皮，铺入派模，去除边缘，用叉子扎眼，放入冰箱冷冻 20 分钟。

❸ 馅料淡奶酪用均质机打散，加入榴莲肉打散，制成馅料。

❹ 取出冷冻好的派皮，将馅料装入裱花袋，挤入派皮中。

❺ 将表面整平，撒上马拉里苏芝士，放入烤盘，放入预热好的烤箱中，以上火 200℃、下火 170℃烤 16 分钟。

■ 关键步骤

看视频学烘焙

■ 制作笔记

● 在烘焙过程中，根据上色情况，烘烤时间可延长 3 ~ 5 分钟。

南瓜麻蓉面包

面包店里也会经常卖一些好看的面包，不仅是为了满足顾客对食的追求，也是为了满足顾客对美的享受。

■ 材料

面团：高筋面粉 255 克，南瓜泥 170 克，白砂糖 25 克，盐 2 克，干酵母 3 克，奶粉 15 克，牛奶 30 毫升，橄榄油 15 毫升，全蛋液适量（留部分刷面）

表面装饰：甜杏仁适量

馅料：黑芝麻 70 克，糖粉 30 克，蛋清 30 毫升

■ 工具

打蛋器，玻璃碗，保鲜膜，刮刀，电子秤，冰箱，擀面杖，蛋糕模，烤箱，刷子

■ 做法

❶ 白砂糖、干酵母倒进高筋面粉中混匀，倒在案台上开窝，倒入牛奶、全蛋液混匀后，倒入奶粉、南瓜泥揉匀，倒入盐揉匀。

❷ 倒入橄榄油，稍加摔打使其混匀，揉成面团，盖上玻璃碗静置 10 ~ 15 分钟。

❸ 蛋清、糖粉倒入玻璃碗中搅匀，倒入黑芝麻搅匀制成馅料。

❹ 将面团分成 35 克每个的小面团，搓圆，均匀地放入烤盘中，包上一层保鲜膜，放入冰箱冷冻 7 ~ 8 分钟，取出。

❺ 小面团擀扁，刮入馅料，卷起来，搓长条。

❻ 每 3 条顶部叠在一起按紧，编成辫子的形状，放入蛋糕模中，两两首尾结合。放入烤箱中发酵至两倍大，再刷上全蛋液，撒上甜杏仁，放入预热好的烤箱中，以上火 185℃、下火 175℃烤 17 分钟。

■ 关键步骤

3

4

看视频学烘焙

紫薯面包

紫薯的颜色总是能让人心情愉悦，紫薯又是很常见的食物，在家尝试做一次紫薯面包不失为一种享受。

■ 材料

面团：高筋面粉 300 克，细砂糖 60 克，盐 6 克，酵母 4.5 克，改良剂 4.5 克，全蛋液 30 毫升，黄油 30 克，水 165 毫升

馅料：紫薯 113 克，黄油 20 克，细砂糖 10 克

辅料：可可粉 30 克

■ 工具

电子秤，刮板，保鲜膜，冰箱，均质机，烤箱，玻璃碗

■ 做法

❶ 面团：细砂糖、改良剂、酵母倒入高筋面粉中混匀，倒在案台上开窝，倒入全蛋液、水混匀，揉匀。

❷ 加入盐揉匀，揉至八成，加入黄油，稍加摔打使其混合均匀，盖上玻璃碗松弛 10 ~ 15 分钟。

❸ 将面团分成 70 克每个的小面团，搓圆，放在烤盘上，盖上保鲜膜，放入冰箱冷冻 7 ~ 8 分钟，取出。

❹ 馅料：黄油倒进紫薯中，用均质机打成紫薯泥，加入细砂糖，继续打成泥。

❺ 将冷冻好的面团按压扁，包入紫薯，捏紧，揉搓成紫薯形状，裹上一层可可粉，均匀地放入烤盘中，放进烤箱中发酵 10 ~ 15 分钟。

❻ 发酵完后以上火 180℃、下火 175℃烤 16 分钟。

■ 关键步骤

 2
 4
 5

看视频学烘焙

■ 制作笔记

● 将紫薯馅换成其他的馅料，也可进行操作哦！

红枣芝士蛋糕

喜欢红枣，又喜欢芝士的朋友，就试试红枣芝士蛋糕吧！

■ 材料

主体：奶油奶酪 90 克，无盐黄油 65 克，白砂糖 50 克，鸡蛋 100 克，低筋面粉 100 克，泡打粉 2 克，红枣细砂糖浆 45 毫升
辅料：打发的淡奶油，薄荷叶、防潮糖粉各适量

■ 工具

电动打蛋器，调理碗，筛网，裱花袋，纸杯模，烤箱，裱花袋

■ 做法

❶ 将奶油奶酪和黄油倒入调理碗中，用电动打蛋器低速打发 30 ～ 60 秒。

❷ 倒入白砂糖低速打发 2～3 分钟。

❸ 分次加入鸡蛋继续打发均匀，再加入红枣细砂糖浆持续打发，至乳化奶油绵密的状态。

❹ 筛入低筋面粉、泡打粉，用电动打蛋器搅打成均匀的面糊。

❺ 将面糊装入裱花袋中并挤在纸杯模中约八分满。

❻ 放进预热至 175℃的烤箱中烘烤约 13 分钟。

❼ 取出杯子蛋糕，放凉后挤上已打发的淡奶油。

❽ 再用薄荷叶装饰，最后撒上防潮糖粉即可。

■ 关键步骤

红豆多拿滋

油炸食品虽不能多吃，但也不必都不吃，在家做一款红豆多拿滋，定能赢得大朋友和小朋友的欢心。

■ 材料

主体：高筋面粉 200 克，低筋面粉 50 克，全蛋液 50 毫升，牛奶 125 毫升，白砂糖 25 克，盐 2.5 克，黄油 25 克，酵母 2.5 克
馅料：红豆馅 270 克，食用油适量
表面装饰：糖粉 20 克

■ 工具

刮板，玻璃碗，电磁炉，锅，电子秤，方形烤盘，保鲜膜，烤箱，冰箱

■ 做法

❶ 将低筋面粉倒入高筋面粉中，倒入白砂糖混匀，倒在案台上，中间开窝，倒入牛奶、酵母，和匀后倒入全蛋液，继续揉面。

❷ 倒入盐，和匀，揉至能拉出一层薄膜。

❸ 加入黄油，继续揉面，稍加摔打使其混匀，揉至能拉出一层透明的薄膜，用玻璃碗盖住，静置 10 ~ 15 分钟。

❹ 用刮板将面团切成 50 克每个的小剂子，搓圆，放入方形烤盘上，包上保鲜膜，放入冰箱冷冻 7 ~ 8 分钟，取出。

❺ 在烤盘上撒上一层面粉，将冷冻好的面团按扁，包进红豆馅，均匀地摆放在烤盘上，然后稍加压扁。

❻ 放入烤箱中发酵 30 分钟，取出。

❼ 锅中放油，烧热，放入发酵好的红豆面团，炸至金黄，晾凉，撒上糖粉即可。

■ 关键步骤

看视频学烘焙

看视频学烘焙

圣诞树面包

圣诞节的时候做一款应景的面包，不仅能增加节日的气氛，还能愉悦家庭成员。

■ 材料

高筋面粉 200 克，白砂糖 40 克，牛奶
90 毫升，全蛋液 40 毫升，酵母 5 克，
黄油 20 克，盐 2 克，糖粉适量

■ 工具

玻璃碗，擀面杖，钢尺，烤箱，筛网，
刮板，电子秤，冰箱，刷子，保鲜膜

■ 做法

❶ 白砂糖、酵母、全蛋液倒入高筋面粉
中混匀，倒在案台上开窝，倒入牛奶揉匀。
加入盐揉匀，倒入黄油，稍加摔打使其
混匀，团成面团，用玻璃碗盖住，静置
10 ～ 15 分钟，取出。

❷ 将面团分割成 7 个 50 克每个的面团
和 1 个 25 克每个的面团，搓圆，盖上保
鲜膜，放入冰箱冷冻 7 ～ 8 分钟，取出。

❸ 将小面团擀扁，用钢尺从正中切成等
量的 6 份，底端不切断，把切开的面团
向外展开，放入烤箱中发酵至两倍大，
取出，刷上一层蛋液。

❹ 再放入烤箱以上火 175℃、下火
160℃烤 9 分钟后，转炉继续烤 5 分钟，
取出，筛入糖粉，摆成圣诞树的造型。

■ 制作笔记

● 自己在家做圣诞树面包时，可以自行调整面团的大小，使圣诞树面包各部分大小
各异。

多拿滋甜甜圈

在美国，任何一个糕点店铺都有出售甜甜圈，从 5 岁儿童到 75 岁老人都对它有着一致的热爱，一圈一圈地圈住了人们的心。

■ 材料

高筋面粉 250 克，黄油 60 克，细砂糖 35 克，蛋液 15 毫升，奶粉 10 克，盐 2.5 克，干酵母 5 克，水 125 毫升，彩色巧克力适量，色拉油适量，糖珠适量，低筋面粉适量

■ 工具

擀面杖，烤箱，冰箱，锅，刮板，保鲜膜，电子秤，烤盘，电磁炉，不锈钢碗，温度计

■ 做法

❶ 干酵母、细砂糖、奶粉倒入高筋面粉中拌匀，倒在案台上开窝，加入蛋液，分次倒入水，揉匀，加入盐，揉至能拉出一层薄膜。

❷ 加入黄油，继续揉面，稍加摔打使其混合均匀，能拉出一层透明的薄膜，盖上保鲜膜，静置 10 ~ 15 分钟。

❸ 将面团分成 70 克每个的小面团，揉圆，放入烤盘，放进冰箱冷冻 10 分钟，取出。

❹ 将小面团擀开，卷起来，搓成长条，将一端压薄，围成一个圈，放入撒有低筋面粉的烤盘中，室温下发酵至两倍大，取出。

❺ 放入油温为 140℃ 的热油炸熟，放进去后立即翻面，炸至两面焦黄。

❻ 彩色巧克力隔水加热融化。取出，加上巧克力液，撒上糖珠装饰即可。

■ 关键步骤

看视频学烘焙

原味海绵蛋糕

海绵蛋糕松松软软，是居家烘焙必备的美食。

■ 材料

全蛋液 200 毫升，白砂糖 100 克，低筋面粉 65 克，无盐黄油 30 克，牛奶 30 毫升

辅料：淡奶油、草莓、糖粉各适量

■ 工具

电磁炉，电动打蛋器，刮刀，玻璃碗，钢碗，打蛋器，打蛋桶，温度计，钢锅，烤箱，蛋糕模

■ 做法

❶ 无盐黄油倒入不锈钢碗中隔水加热至融化，倒入玻璃碗中。

❷ 白砂糖倒入全蛋液中打散，倒入打蛋桶中，隔水加热至 45℃，再用电动打蛋器打发，倒入玻璃碗中搅拌，倒入低筋面粉继续搅拌均匀。

❸ 倒入融化后的黄油，搅拌均匀后倒入牛奶继续搅拌均匀，然后倒入蛋糕模中，震平表面。

❹ 将蛋糕生坯放入预热好的烤箱中，以上下火 170℃烤 20 分钟，取出，装饰上打发的淡奶油、草莓、糖粉即可。

■ 关键步骤

 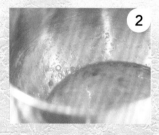 

看视频学烘焙

■ 制作笔记

● 全蛋液用电动打蛋器打发时先低速打发，再高速打发，最后继续低速打发。

原味戚风蛋糕

味道从不因缺少装饰而丢失，原味戚风蛋糕不需要装饰，味道就是独一。

■ 材料

蛋清 133 毫升，白砂糖 75 克，牛奶 50 毫升，色拉油 50 毫升，全蛋液 33 毫升，蛋黄 67 克，低筋面粉 83 克（低筋面粉 33 克和高筋面粉 50 克的混合粉类），塔塔粉 5 克

■ 工具

不锈钢盆，电动打蛋器，刮刀，打蛋器，电磁炉，钢锅，筛网，温度计，活底蛋糕模，烤箱

■ 做法

❶ 牛奶、色拉油倒进不锈钢盆中，搅拌均匀，放入钢锅中隔水加热至 37℃。

❷ 将全蛋液倒进蛋黄中搅拌，然后倒入不锈钢盆中搅拌，倒入低筋面粉搅拌均匀，再倒入过筛网中过筛。

❸ 将蛋清、白砂糖、塔塔粉倒进不锈钢盆中，用电动打蛋器打到九成发。

❹ 将打发好的蛋白一部分倒进蛋黄糊中，搅拌均匀，然后再倒回剩余的蛋白中，搅拌均匀。

❺ 将蛋糕液倒入活底蛋糕模中，用刀刮平表面。

❻ 再放入预热好的烤箱中，以上火 165℃、下火 135℃烤 50 分钟。

■ 关键步骤

看视频学烘焙

虎皮蛋糕卷

虎皮蛋糕是戚风蛋糕的一种，外面一层黄色的薄层，香香软软，里面的蛋糕夹着甜甜的奶油，每咬一口都是惊喜。

蛋糕体：蛋黄 4 个，细砂糖 60 克，牛奶 50 毫升，玉米油 30 毫升，低筋面粉 70 克，蛋清 150 毫升

辅料：蛋黄 6 个，玉米油 37 毫升，细砂糖 156 克，玉米淀粉 37 克，淡奶油 200 毫升，香草精数滴

■ 工具

玻璃碗，刮刀，电动打蛋器，打蛋器，油纸，擀面杖，烤箱，冰箱，筛网

■ 关键步骤

3

4

■ 做法

❶ 蛋糕体：牛奶、玉米油、20 克细砂糖混合搅至细砂糖完全融化，倒入蛋黄，搅匀，加入过筛后的低筋面粉，搅匀。

❷ 将蛋清倒入大碗中，加入 40 克细砂糖用电动打蛋器打发至湿性发泡，取少量蛋白霜加入到蛋黄糊中翻拌均匀，再倒回剩下的蛋白霜中，快速翻拌均匀。

❸ 面糊倒入方形烤盘中，端起烤盘四处倾斜将面糊铺匀，再震几下去除气泡，放入预热好的烤箱用以上火 170℃、下火 160℃烤 15 分钟，至其表面金黄色后取出，放凉。

❹ 虎皮：蛋黄加入 140 克细砂糖，隔热水打发至颜色变白，加入玉米粉拌匀后，分次加入玉米油，继续用打蛋器打至顺滑。

❺ 倒入垫有油纸的烤盘中修平整，放入预热好的烤箱中，以上火 230℃、下火 150℃，烘烤约 5 分钟，至出现虎皮状花纹。

❻ 内馅：将淡奶油加入 16 克细砂糖、香草精，打发至纹路清晰，硬性发泡，呈不流动状。

❼ 取出放凉的蛋糕体，倒扣脱模，将内馅均匀地抹在蛋糕体上面，卷起来后用油纸固定，放入冰箱冷藏定型。

❽ 取出烤好的虎皮，倒扣脱模，抹少量奶油馅后，把冷藏好的蛋糕卷放在上面，卷起，用油纸固定放入冰箱冷藏 30 分钟以上，稍硬后切片即可。

花形果酱面包

金黄的花瓣，红色的芯，做法简单的漂亮面包。

■ 材料

面包粉 200 克，奶粉 10 克，细砂糖 25 克，盐 2 克，水 130 毫升，酵母 2 克，黄油 20 克，草莓果酱、蛋液各适量

■ 工具

刮板，擀面杖，蛋糕模，玻璃碗，电子秤，保鲜膜，冰箱，勺子，烤箱，刷子

■ 做法

❶ 面包粉、奶粉、酵母、细砂糖倒入玻璃碗中混匀，倒在案台上开窝，倒进水揉匀，倒入盐，揉至能拉出一层透明的薄膜。

❷ 加入黄油，稍加摔打使其混合均匀，盖上玻璃碗，静置 10 ～ 15 分钟，取出。

❸ 将面团分成 30 克每个的面团 6 个，150 克每个的面团 1 个，搓圆，均匀地放入烤盘中，包上一层保鲜膜，放入冰箱中冷冻 7 ～ 8 分钟，取出。

❹ 大面团用擀面杖擀圆，放进蛋糕模底部，小面团搓圆，摆在模的四周，留出中间部分，倒入草莓果酱，抹平，放入烤箱中发酵 30 分钟，取出后刷上一层蛋液。

❺ 再放入预热好的烤箱中，以上火 165℃、下火 190℃烤 18 分钟。

■ 关键步骤

看视频学烘焙

香酥粒辫子面包

辫子形状的面包看似复杂，其实很简单，点缀上香酥粒，使辫子面包看起来更饱满。

■ 材料

面团：中筋面粉 500 克，白砂糖 50 克，盐 5 克，全蛋液 70 毫升，水 200 毫升，酵母 5 克，黄油 50 克

香酥粒：白砂糖 30 克，低筋面粉 60 克，黄油 30 克

■ 工具

玻璃碗，刮板，擀面杖，冰箱，刷子，烤箱，电子秤

■ 做法

❶ 中筋面粉倒在案台上开窝，倒入全蛋液、白砂糖、酵母。和面，分次倒入水，揉匀，加入盐，继续和匀。

❷ 加入黄油，揉面，可在案台上稍加摔打，使黄油和面团充分融合，揉至八成，用玻璃碗盖住，静置 10 ~ 15 分钟，取出。

❸ 将面团切成 50 克每个的小面团，搓圆，均匀地放入烤盘，放入冰箱中 7 ~ 8 分钟，取出。

❹ 将小面团擀长，横放，按压底部，然后卷起来，搓成长条，三根长条顶部叠在一起，编成辫子的形状，放入烤盘，放进烤箱中发酵至原来的两倍大。

❺ 香酥粒：白砂糖、黄油倒在案台上搓开，倒入低筋面粉中，切拌均匀，制成香酥粒，放入玻璃碗中，放进冰箱。

❻ 取出发酵好的辫子生坯，刷上一层蛋液，撒上香酥粒，放入预热好的烤箱，以上火 175℃、下火 160℃烤 15 分钟。

■ 关键步骤

芝士花瓣面包

芝士花瓣面包，面包里的颜值担当，用芝士做内馅，烤出来的花瓣面包外酥里嫩。

高筋面粉 220 克, 细砂糖 35 克, 温水
125 毫升, 盐 1.25 克, 酵母 33 克, 黄
油 15 克, 奶酪 150 克, 柠檬半个, 细
砂糖 20 克, 蛋液 35 毫升, 杏仁片适量

■ 工具

玻璃碗, 刮板, 刮皮器, 裱花袋, 电子秤,
保鲜膜, 冰箱, 擀面杖, 刷子

■ 做法

❶ 高筋面粉倒在案台上开窝, 倒入细砂
糖、蛋液、酵母, 分次倒入温水和匀, 倒
入盐和匀, 加入黄油, 揉成面团, 用玻
璃碗盖住静置 10 ~ 15 分钟, 取出。

❷ 奶酪倒入玻璃碗中按压, 倒入细砂糖
搅匀。

❸ 刮入柠檬皮, 搅匀。挤入柠檬汁, 搅匀。
静置 10 ~ 15 分钟后装入裱花袋中。

❹ 将面团分成 70 克每个的小面团, 搓圆,
包一层保鲜膜, 放入冰箱冷冻 7 ~ 8 分钟。

❺ 取出, 整成圆形, 挤入芝士馅包起来,
擀扁, 切成均匀的 6 瓣, 中间不切断, 每
一瓣都翻转 90°, 放进烤箱中发酵至两
倍大, 刷上蛋液, 放上杏仁片, 放进烤箱,
以上火 175℃、下火 160℃烤 16 分钟。

■ 制作笔记

● 刷上一层蛋液, 可以使烤出来的面包呈现明亮金黄的色泽。

■ 关键步骤

第 34 天

做点有难度的

蛋挞

千层酥皮的蛋挞，好看又好吃，在家也能做出千层的口感。

■ 材料

挞皮：无盐黄油 75 克，糖粉 40 克，细砂糖 8 克，低筋面粉 125 克，杏仁粉 20 克

内馅：野莓果酱 100 克

卡仕达酱：细砂糖 85 克，蛋黄 2 颗，低筋面粉 15 克，牛奶 160 毫升，香草荚 1/2 支，淡奶油 160 毫升

■ 工具

搅拌盆，软刮刀，电动打蛋器，电子秤，杯模，冰箱，奶锅，电磁炉，裱花袋，烤箱，筛网

■ 做法

❶ 无盐黄油倒入搅拌盆中，加入糖粉，用软刮刀搅匀，用电动打蛋器打发，加入细砂糖，继续打发至奶油泛白呈丝绒状。

❷ 筛入杏仁粉和低筋面粉搅拌成面团，将面团分成 5 个 50 克的小面团，揉圆，按扁，放入杯模内贴合好，倒入野莓果酱，放入冰箱冷藏至硬，取出。

❸ 将淡奶油、牛奶、香草荚倒入奶锅里，边加热边搅拌，煮至沸腾。

❹ 将蛋黄和细砂糖倒入另一个搅拌盆中搅匀，分次倒入奶锅中搅匀，筛入低筋面粉，搅匀后装入裱花袋中，挤入挞皮中至八分满。

❺ 再放入预热至 180℃的烤箱中烘烤 25 分钟即可。

■ 关键步骤

 1

 2

看视频学烘焙

黑糖核桃包

黑糖核桃包是一款相当个性的面包，切开来，黑糖核桃馅挂满整个内壁，惊奇之余，令人垂涎。

■ 材料

面团： 高筋面粉 300 克，黑糖 48 克，水 120 毫升，全蛋液 30 毫升，盐 6.6 克，酵母 4.8 克，改良剂 2.4 克，法国老面[①] 90 克，黄油 18 克，汤种 60 克，淡奶油 60 毫升

馅料： 黑糖 150 克，核桃 150 克

酥皮： 黄油 25 克，白砂糖 20 克，低筋面粉 300 克

■ 工具

刮板，擀面杖，烤箱，玻璃碗，电子秤

■ 做法

❶ 48 克黑糖、酵母、改良剂倒入高筋面粉中混合均匀，倒在案台上开窝，倒入法国老面、汤种、全蛋液、淡奶油混合均匀，分次倒入水，混匀，揉至无粉粒状态。

❷ 加入盐，揉匀，加入 18 克黄油，继续揉面，稍加摔打使其混合均匀，揉成面团，放入烤箱发酵至两倍大，取出。

❹ 将面团分成 200 克每个的小面团，搓圆，放置 10 ~ 15 分钟使其松弛。

❺ 25 克黄油、白砂糖倒在案台上搓开，倒入低筋面粉，混合均匀制成酥皮，放入玻璃碗中。

❻ 用擀面杖将核桃捣碎；擀开面团，包入核桃碎、150 克黑糖，卷起来，两头捏紧，蘸上水，裹上一层酥皮，放入烤盘中，放进烤箱发酵至两倍大。

❼ 发酵完成后以上火 185℃、下火 175℃烤 21 分钟。

■ 关键步骤

注：①法国老面：是一种发酵的酵头，可用 150 克面粉、100 毫升水、3 克酵母、15 克麦芽糖一起混合，
揉成面团，常温下放 1 小时，然后放入冰箱冷藏 12 小时后即可使用。

第 34 天

做点有难度的

低脂红枣蛋糕

将具有天然补血功效的红枣放进蛋糕里，吃起来更健康。

■ 材料

低筋面粉 90 克，干红枣 135 克，红糖 60 克，全蛋液 35 毫升，水 135 毫升，黄油 30 克，泡打粉 3 克，小苏打 2.5 克

■ 工具

刀，奶锅，电磁炉，橡皮刮刀，玻璃碗，裱花袋，烤箱，模具

■ 做法

❶ 干红枣去核，用刀切碎，倒入奶锅中，倒入水，煮开，加入小苏打搅拌均匀。

❷ 加入黄油，边煮边搅拌至黄油融化。

❸ 加入红糖，搅拌成红枣泥，倒入玻璃碗中，放凉。

❹ 低筋面粉、泡打粉倒入红枣泥中搅拌均匀。

❺ 倒入全蛋液，用橡皮刮刀翻拌均匀，采用从底部往上翻拌的方式，不要画圈搅拌，直到面粉完全湿润后即停止翻拌。

❻ 把拌好的面糊装入裱花袋中，以画圈的形式挤进模具中，震几下以震平表面。

❼ 将蛋糕生坯放入预热好的烤箱，以上下火 180℃烤 15 分钟。

■ 关键步骤

第4章
玩转烘焙创意课

很多人都惊羡甜品店里各种甜品的"美丽容颜"，其实那些美丽的甜品并不像想象中那么难制作。学习到此，便可以怀着激动的心情做一些美丽的小甜点了！

奶油裱花技巧

蛋糕裱花主要用到的工具

①裱花转台

②裱花嘴

③裱花袋

挤边的几种常用手法

抖：通过均匀地抖动可得到均匀的纹路，裱花嘴角度不一样，图案效果就不一样。

直拉：把裱花嘴悬在一定的高度，挤奶油的量保持均衡，这种手法比较适用于有齿纹的裱花嘴。

挤：裱花嘴悬在一定的高度做各种花纹的变化，这是将裱花嘴自身的图案挤出来后再经过绕或拼形成的。

轻芝士蛋糕隔水烤技巧

隔水烤就是将调好的蛋糕糊倒入模具后，将模具放在烤盘上，烤盘中注入 1 ~ 2 厘米深的热水，通过水把热量传递（热传递）到需要加热的容器里。在烤的时候，水的温度不会到 100℃，加水后烤箱内的湿度增加，可以保证糕体不会被烤得很干很焦，芝士蛋糕也就不容易有裂缝了，蛋糕的口感也会柔软。

比萨酱的制作

比萨酱的种类很多，其中包括乳酪酱和茄酱。乳酪酱是将黄油与黑椒爆香，加奶，加各种风味芝士，烧制浓稠即可。茄酱则是将黄油与洋葱爆香，加入番茄酱爆香，加入各式香草煮至浓稠。

水果搭配技巧

做蛋糕时经常要搭配一些水果，鲜水果能够为蛋糕增色。浓浓的奶香味与清新甜蜜的水果搭配起来，散发出浓郁甜美的气息，蕴藏着甜蜜浪漫的情怀。当然，水果搭配时也有一些小技巧。

❶ 选水果时要选小个头的水果，形状要均匀。

❷ 水果摆设在颜色搭配上完全不忌讳红配绿，颜色至少要有 3 种以上。

❸ 设计上可适当留白。

❹ 水果形状多变，如圆形、片状、块状、条状等。水果大小多变，摆放时要有方向变化、色彩明暗变化等。

柠檬奶油挞

酸柠檬上撒一层细砂糖，用火枪喷烧之后，柠檬的酸味和细砂糖充分地融合，流到奶油挞上，给奶油挞增加了一种新的风味。

■ 材料

挞皮： 低筋面粉 100 克，黄油 45 克，冷水 15 毫升，柠檬皮屑 1 小勺，糖粉 10 克，玉米淀粉 20 克

柠檬奶油馅： 牛奶 150 毫升，柠檬汁 20 毫升，细砂糖 45 克蛋黄 30 克，低筋面粉 5 克，黄油 50 克

■ 工具

玻璃碗，刮刀，刮板，冰箱，奶锅，电磁炉，叉子，烤箱，挞模，火枪，裱花袋

■ 做法

❶ 黄油、糖粉倒入玻璃碗中搅匀。

❷ 分次倒入冷水搅匀，倒入柠檬皮屑、100 克低筋面粉、玉米淀粉搅拌成大颗粒状，倒在案台上揉搓成长条形，分成均匀的小剂子，放入挞模按压成形，削平周边，放入冰箱中冷藏至硬，取出。

❸ 蛋黄、细砂糖、柠檬汁倒入玻璃碗中搅匀，倒入 5 克低筋面粉，拌匀。

❹ 牛奶、黄油倒进奶锅中煮开，倒入蛋黄糊中搅匀，倒回奶锅中煮至浓稠，放凉，放冰箱冷藏，取出，装入裱花袋。

❺ 用叉子在挞皮底部叉一些小孔，静置半个小时后放入预热好的烤箱，上下火 170℃烤 15 分钟，取出脱模，挤入奶油馅，放上柠檬片，撒上糖粉，用火枪烧至糖粉融化即可。

■ 关键步骤

3

5

看视频学烘焙

咖啡乳酪泡芙

在泡芙里吃出咖啡味，浓郁的乳酪咖啡，久久不能忘怀。

■ 材料

泡芙面团： 低筋面粉
100 克，水 160 毫升，
黄油 80 克，细砂糖 10
克，盐 1 克，全蛋液
170 毫升

馅料： 奶油奶酪 180 克，
淡奶油 135 毫升，糖粉
45 克，咖啡粉 10 克

■ 工具

电动打蛋器，刮刀，
不锈钢盆，电磁炉，
高温布，冰箱，刀，
裱花袋，烤箱

■ 做法

❶ 水、盐、细砂糖、黄油倒入不锈钢盆里，中火
加热并稍稍搅拌，煮至沸腾，停止加热，倒入低
筋面粉，用刮刀快速搅拌至匀。

❷ 分次倒入全蛋液，搅拌至面糊完全把蛋液吸收。

❸ 将面糊装入裱花袋中，均匀地挤在垫有高温布
的烤盘上，放入预热好的烤箱，以上火 180℃、
下火 180℃烤 27 分钟，直到表面黄褐色。

❹ 将奶油奶酪用电动打蛋器搅碎，加入糖粉，搅
打至细滑状。

❺ 加入淡奶油和咖啡粉，搅拌均匀，制成乳酪馅，
放入冰箱冷藏 30 分钟。

❻ 取出烤好的泡芙，用刀在底部扎一个洞。

❼ 将乳酪馅装入裱花袋中，从底部小洞挤入泡芙
即可。

■ 关键步骤

 2

 3

 5

奶酪夹心巧克力派

白色的奶酪夹心，浓郁的巧克力，童年的味道。

■ 材料

主料：低筋面粉 125 克，全蛋液 35 毫升，黑巧克力 40 克，红糖 75 克，葵花籽油 28 毫升，黄油 28 克，牛奶 120 毫升

辅料：奶油奶酪 150 克，可可粉 18 克，泡打粉 2.5 克，小苏打 2.5 克，盐 1.25 克，糖粉 20 克，淡奶油 75 毫升

■ 工具

刮刀，裱花袋，不锈钢碗，不锈钢盆，电磁炉，高温布，烤箱，玻璃碗，打蛋器，电动打蛋器，裱花嘴

■ 关键步骤

■ 做法

❶ 黑巧克力、黄油分别隔水融化。

❷ 将全蛋液、融化后的黄油、葵花籽油、盐、红糖倒入玻璃碗中搅匀，倒入融化的黑巧克力，搅拌至顺滑。

❸ 低筋面粉、可可粉、泡打粉、小苏打、糖粉倒入玻璃碗中混匀。

❹ 巧克力糊中倒入 1/3 牛奶、1/3 粉类搅匀，重复这个过程，直到牛奶和粉类全部加入完毕，搅拌成光滑的面糊。

❺ 将面糊装入带有裱花嘴的裱花袋中，在烤盘上均匀地挤出圆形的面糊，每团面糊之间留出足够的距离，放入预热好的烤箱，以上火 160℃、下火 140℃烤 15 分钟，取出。

❻ 奶油奶酪用电动打蛋器搅打均匀，分次倒入淡奶油，打至发白，刮入裱花袋中，以画圈的形式挤在烤好的巧克力饼干上，盖上另一层饼干，装盘即可。

■ 制作笔记

● 馅料里可加糖粉增加甜味。

轻芝士蛋糕

轻芝士蛋糕是一款很受年轻人欢迎的蛋糕，比一般的蛋糕口味要重，但入口即化。

■ 材料

蛋清 120 毫升，白砂糖 84 克，塔塔粉
1 克，芝士 160 克，牛奶 64 毫升，淡
奶油 64 毫升，黄油 48 克，低筋面粉
20 克，粟粉 20 克，柠檬汁 10 毫升，
蛋黄 80 克

■ 工具

蛋糕模，电动打蛋器，电磁炉，不锈钢
盆，钢锅，刮刀，玻璃碗，筛网，温度
计，烤箱，油纸

■ 关键步骤

■ 做法

❶ 芝士倒进钢盆中，隔水加热至手指能轻易戳破一个洞时取出，倒入玻璃碗中搅
打均匀，分次加入黄油继续搅打。

❷ 淡奶油倒入牛奶中混匀，分次倒入芝士糊中搅匀，倒入盆中隔水加热至 50℃
时倒入玻璃碗中，加入低筋面粉、粟粉搅匀，再倒入蛋黄搅匀，倒入柠檬汁，搅匀
后倒入筛网中过筛。

❸ 蛋清倒入大玻璃碗中，加入白砂糖、塔塔粉，用电动打蛋器打发，部分倒入蛋
黄糊中搅拌均匀，再倒回到剩余的蛋白中搅拌均匀（倒回的过程要留一部分，再
循环一次这个动作），最后倒入垫有油纸的模具中，震平表面。

❹ 烤盘中放入 50℃的水，将模具放在烤盘上，放入预热好的烤箱，上火 175℃、
下火 150℃烤 15 分钟后，转上火 150℃、下火 150℃继续烤 40 分钟，取出即可。

■ 制作笔记

● 烤盘上有水，端的时候要小心哦！

重芝士蛋糕

重芝士相对于轻芝士多了一层饼底，但是口感却和轻芝士一样美味。

■ 材料

芝麻糊： 芝士 250 克，白砂糖 75 克，全蛋液 50 毫升，粟粉 10 克，淡奶油 175 毫升

饼底： 无盐黄油 75 克，低筋面粉 100 克，糖粉 19 克

装饰： 奶油、草莓适量

■ 工具

玻璃碗，白纸，蛋糕模，刮刀，牙签，抹布，转盘，火枪，打蛋器，烤箱，不锈钢盆，筛网，电磁炉，冰箱

■ 做法

❶ 饼底：无盐黄油倒入碗中搅匀，放入糖粉、低筋面粉拌匀，放在垫有白纸的烤盘按压至厚薄均匀，放入烤箱以上火 190℃、下火 170℃烤 17 分钟。

❷ 芝士糊：芝士倒进盆中按压，隔水加热至手指能轻易戳一个洞时取出，倒入碗中搅匀，分次倒入白砂糖，搅打均匀；全蛋液打散，分次倒入芝士糊中搅匀，倒入粟粉搅匀，再分次加入淡奶油继续搅拌，然后倒入筛网中过筛。

❸ 取出烤好的饼底，掰碎，倒进蛋糕模中压实，倒入芝士糊，用牙签将小泡划破，在垫有抹布的案台上轻震模具。

❹ 放入盛有水的烤盘上，放进烤箱中，以上火 150℃、下火 130℃烤 25 分钟。

❺ 取出烤好的芝士放凉，放入冰箱中冷冻 12 个小时，取出，蛋糕模倒扣在转盘上，用火枪脱模，装饰上奶油和草莓即可。

■ 关键步骤

看视频学烘焙

看视频学烘焙

菠萝慕斯蛋糕

菠萝慕斯蛋糕，酸甜，带有菠萝独有的芳香。

■ 材料

蛋糕体： 全蛋液 250 毫升，低筋面粉 100 克，调和油 70 毫升，牛奶 60 毫升，细砂糖 90 克

慕斯糊： 菠萝果泥 400 克，鲜奶油 400 毫升，吉利丁片 4 片，细砂糖 30 克

■ 工具

玻璃碗，打蛋器，刮刀，电动打蛋器，蛋糕模，奶锅，电磁炉，温度计，裱花袋，保鲜膜，火枪，转盘，冰箱，烤箱

■ 做法

❶ 将全蛋液中的蛋黄捞出，放入玻璃碗中，加入 20 克细砂糖打散，倒入牛奶，搅匀，倒入调和油搅匀，倒入低筋面粉，搅拌均匀制成蛋黄糊。

❷ 蛋清、70 克细砂糖倒进玻璃碗中打发，分次刮入蛋黄糊中搅匀，倒入蛋糕模中，震一下，放入预热好的烤箱，以上火 160℃、下火 140℃烤 30 分钟，取出，脱模，切出两片。

❸ 慕斯糊：菠萝果泥、细砂糖倒入奶锅中煮开，停止加热，加入水泡软的吉利丁片搅拌均匀，倒入玻璃碗中，降温至 26℃制成菠萝糊。

❹ 鲜奶油用电动打蛋器打发，分次倒入菠萝糊中混匀，然后倒一半在底部包有保鲜膜的蛋糕模中，放入冰箱冷藏至凝固，取出，放上一片蛋糕。

❺ 将剩下的菠萝糊装入裱花袋后直接挤在蛋糕上，放入冰箱中冷藏 12 小时，取出，倒扣在转盘上，撕掉保鲜膜，用火枪烧侧壁，脱模即可。

■ 关键步骤

翻转菠萝布朗尼

初次见到翻转菠萝布朗尼的时候，心里直呼漂亮，尝一口就知道它的内涵堪比它的颜值。

■ 材料

巧克力蛋糕层： 中筋面粉 90 克，黄油 55 克，菠萝丁 60 克，红糖 60 克，全蛋液 50 毫升，可可粉 5 克，泡打粉 2.5 克，小苏打 1.25 克

翻转菠萝层： 菠萝片 50 克，红糖 40 克，黄油 25 克

■ 工具

玻璃碗，打蛋器，蛋糕模，勺子，电动打蛋器，烤箱，白纸板，刮刀

■ 做法

❶25 克黄油、40 克红糖倒入玻璃碗中，搅打至呈湿润糊状，倒入内壁涂有黄油的蛋糕模中，并用勺子轻轻抹平，铺上菠萝片，放置一旁，备用。

❷55 克黄油和 60 克红糖倒入玻璃碗中，搅拌均匀，分次倒入全蛋液搅匀，直到混合物的颜色变浅，状态膨松。

❸ 倒入泡打粉，小苏打搅拌均匀。

❹ 倒入可可粉搅拌均匀，然后再分次倒入中筋面粉，搅拌均匀制成蛋糕糊。

❺ 切好的 60 克菠萝丁倒进蛋糕糊中搅拌均匀，然后倒入蛋糕模具中六七分满，用勺子抹平。

❻ 将蛋糕生坯放入预热好的烤箱，以上火 170℃、下火 150℃烤 23 分钟，取出，倒扣在白纸板上，脱模即可。

■ 关键步骤

看视频学烘焙

太妃焦糖巧克力慕斯

带有巧克力味的微苦慕斯，包裹着一层甜蜜的焦糖，苦中带着甜，真正的入口即化。

烤好的海绵蛋糕: 1 个
巧克力慕斯: 蛋黄 25 克, 白砂糖 20 克,
牛奶 83 毫升, 黑巧克力 93 克, 淡奶
166 毫升, 吉利丁水 20 克
焦糖淋面: 细砂糖 22 克, 水 21 毫升,
葡萄糖浆 19 毫升, 炼乳 26 毫升, 吉
利丁水 11 克, 白巧克力 33 克
装饰: 食用金箔

■ 关键步骤 ════════════════

■ 工具 ════════════════

刮刀, 打蛋器, 奶锅, 电磁炉, 不锈钢
盆, 玻璃碗, 烤网, 曲形抹刀, 底托,
温度计, 冰箱, 筛网, 电动打蛋器, 橡
胶模具, 刀, 裱花袋, 镊子

■ 做法 ════════════════

❶ 焦糖淋面: 葡萄糖浆、14 毫升水倒入钢盆中, 隔水加热至 50℃, 至完全融化
时停止加热。22 克细砂糖、7 毫升水倒入奶锅中煮成焦糖, 停止加热, 倒入葡萄
糖浆搅匀, 倒入炼乳继续搅匀, 倒入白巧克力搅拌至融, 然后倒入 11 克吉利丁
水搅拌均匀制成焦糖淋面, 过筛后放入冰箱中冷藏。

❷ 巧克力慕斯: 黑巧克力放在钢盆中, 隔水加热至融化。蛋黄、白砂糖倒进玻璃
碗中打散, 牛奶倒进奶锅中煮开, 边搅拌边倒进蛋黄糊中, 倒入钢盆中, 隔水加
热至 70℃时停止加热, 倒入黑巧克力糊, 加入 20 克吉利丁水, 搅匀后过筛, 降
温至 26℃。淡奶打至六成发, 倒入巧克力蛋黄糊中搅匀, 制成巧克力慕斯。

❸ 将巧克力慕斯装入裱花袋, 挤入橡胶模具中七分满, 放入冰箱中冷冻至成硬块,
取出。

❹ 取出烤好的海绵蛋糕, 切成小长方块, 放入冻好的橡胶模具中, 再挤入巧克
力慕斯, 放入冰箱冷冻至硬, 取出, 倒扣在烤网上。焦糖淋面隔水加热融化, 降
温至 30℃, 淋在冷冻好的慕斯上。

❺ 用曲形抹刀把慕斯托在底托上, 用镊子夹少量食用金箔简单装饰即可。

蒙布朗栗子挞

看视频学烘焙

既有奶油的爽滑，又有栗子的香甜，还有挞派的酥脆，完美的视觉体验之后是味觉的无限满足。

■ 材料

挞皮：黄油 100 克，糖粉 25 克，低筋面粉 133 克

栗子慕斯：栗子泥 50 克，吉利丁水 1 克，白兰地 1.7 毫升，淡奶油 60 毫升，糖粉 4 克

栗子酱：栗子泥 200 克，欧德堡牛奶 70 毫升，朗姆酒 5 毫升

炒苹果：苹果丁 320 克，细砂糖 15 克，黄油 30 克，蜂蜜 15 毫升，白兰地 5 毫升

■ 工具

电磁炉，奶锅，擀面杖，刮板，刻模，挞模，裱花袋，勺子，抹刀，玻璃碗，冰箱，打蛋器，电动打蛋器，锡纸，裱花嘴，黄豆，烤箱，筛网

■ 做法

❶ 黄油、糖粉、低筋面粉倒在案台上拌匀，放入玻璃碗，放冰箱冷冻至硬，取出。

❷ 炒苹果：黄油倒入奶锅中加热搅至融化，倒入细砂糖搅匀后，倒入苹果丁炒匀，然后倒入蜂蜜搅拌至收汁，倒进玻璃碗中，倒入白兰地，搅拌均匀。

❸ 栗子酱：栗子泥倒进玻璃碗中，分多次倒入欧德堡牛奶搅匀，倒入朗姆酒，搅匀制成栗子酱，放入冰箱冷藏至稍硬，取出。

❹ 案台上撒一层低筋面粉，用擀面杖将面团生坯擀至厚薄均匀，用刻模刻出均匀的形状，铺在挞模上，震几下，削平，放入冰箱中冷冻至成形，取出，铺上锡纸，放上黄豆定形，放入预热 170℃的烤箱中烤 30 分钟，脱模，放入冰箱，冷藏至凉，取出。

❺ 栗子慕斯：栗子泥倒入玻璃碗中搅打，倒入糖粉搅匀，倒入白兰地搅匀制成栗子糊。淡奶油倒入玻璃碗中打至六成发，倒一半在栗子糊中搅匀，另一半继续打至九成发，放入冰箱中冷藏备用。

❻ 吉利丁水隔水融化后倒入栗子糊中搅匀，放入冰箱中冷藏，至稍微凝固时取出，刮入裱花袋中，挤一层在挞皮上，舀进苹果丁装饰，再挤入一层栗子糊，用抹刀抹平，放入冰箱中冷冻至凝固，取出。九成发奶油装入带有裱花嘴的裱花袋中，挤在挞皮上，放入冰箱冷冻至成形，取出；栗子酱装入裱花袋中，挤在奶油上，筛上细糖粉即可。

看视频学烘焙

圣诞树根蛋糕

圣诞树根模样的蛋糕，样子好看，吃起来也很松软。

■ 材料

蛋黄 60 克，色拉油 45 毫升，牛奶 45 毫升，细砂糖 26 克，蛋清 140 毫升，低筋面粉 70 克，可可粉 10 克，柠檬汁几滴，淡奶油 230 毫升，覆盆子果酱 2 大勺，黑巧克力 130 克

■ 工具

刮刀，刮板，玻璃碗，电动打蛋器，油纸，不锈钢盆，擀面杖，冰箱，锯齿刀，烤箱，电磁炉

■ 做法

❶ 蛋黄、20 克细砂糖倒入玻璃碗中，搅拌均匀。

❷ 牛奶、色拉油倒进玻璃碗中，搅匀后倒入蛋黄中搅拌均匀，可可粉倒入低筋面粉中混匀，再倒入蛋奶混合液中搅匀。

❸ 蛋清倒入玻璃碗中，倒入几滴柠檬汁打发，倒入 6 克细砂糖继续打至呈钩形，分次刮入可可糊中，搅拌均匀。

❹ 再倒入垫有油纸的烤盘中，刮平，放入烤箱中，以上火 170℃、下火 120℃烤 15 分钟，取出。

❺80 毫升淡奶油倒进不锈钢盆中煮开。黑巧克力倒入不锈钢盆中隔水融化，分次倒入煮开的淡奶油，搅拌均匀，倒入玻璃碗中，放凉。

❻150 毫升淡奶油、覆盆子果酱倒入玻璃碗中打发，抹在烤好的蛋糕体上，用擀面杖卷起来，放入冰箱中冷冻至成形，取出，用锯齿刀切去两头，表面抹上一层巧克力糊，使其具有树根的外表。

■ 关键步骤

提拉米苏芝士慕斯

很多少女都有对提拉米苏的幻想，而提拉米苏也可以做成任意你
喜欢的样子。

■ 材料

咖啡水：水 100 毫升，咖啡酒 8 毫升，
咖啡粉 3.5 克，朗姆酒 3.5 毫升，细砂
糖 65 克
手指饼：蛋清 120 毫升，细砂糖 80 克，
蛋黄 75 克，低筋面粉 66 克，塔塔粉 1 克，
糖粉适量
慕斯：牛奶 50 毫升，细砂糖 20 克，蛋
黄 24 克，凝固的吉利丁水 12 克，马斯
卡邦奶酪 100 克，淡奶油 90 毫升

■ 工具

电磁炉，烤箱，玻璃碗，奶锅，打蛋器，
刮刀，玻璃杯，刻模，裱花袋，电子秤，
电动打蛋器，白纸，不锈钢盆，筛网，
温度计

■ 关键步骤

■ 做法

❶ 手指饼：蛋清、塔塔粉倒入玻璃碗中搅匀，分次倒入细砂糖，打至提起有小尖峰，
倒入低筋面粉搅匀；蛋黄打散，倒入蛋白糊中搅匀，装入裱花袋，斜着挤入垫有白
纸的烤盘中，撒上糖粉，放进预热好的烤箱中，以上火 160℃、下火 150℃烤 20 分钟。

❷ 咖啡水：水和细砂糖倒进奶锅中烧开，加入咖啡粉煮开，倒入不锈钢盆中放
凉至 50℃时倒进玻璃碗中，倒入咖啡酒、朗姆酒搅匀。

❸ 慕斯：马斯卡邦奶酪倒入玻璃碗中搅拌至顺滑。

❹ 蛋黄、细砂糖倒入玻璃碗中搅拌均匀。牛奶倒入奶锅烧开，倒入蛋黄糊中搅匀，然
后再倒回奶锅，慢火煮至黏稠，倒入凝固的吉利丁水搅匀后，边搅拌边倒进玻璃碗中。

❺ 淡奶油倒入玻璃碗中，用电动打蛋器打发，部分倒入蛋黄糊中搅匀，再倒回
淡奶油中搅拌均匀（倒回的过程要留一部分，再循环一次这个动作）。

❻ 取出烤好的手指饼干，撕下白纸，铺在案台上，将手指饼干倒扣在白纸上，
用刻模刻出大小均匀的形状，制成花形饼。

❼ 将淡奶油混合液倒入裱花袋中，挤 30 克在玻璃杯中，放入冰箱冷冻 2～3 分
钟取出（以后的每一层都需冷冻），花形饼蘸上咖啡水，放入玻璃杯中，再挤入
30 克的慕斯液，放入冰箱冷冻，直到把杯子装满，取出筛入细砂糖、咖啡粉即可。

巧克力芝士蛋糕

■ 材料

可可海绵：蛋液 330 毫升，白砂糖 172 克，低筋面粉 55 克，色拉油 96 毫升，可可粉 45 克，牛奶 11 毫升，巧克力 55 克

芝士酱：芝士 200 克，淡奶油 50 毫升，糖粉 40 克

咖啡水：细砂糖 65 克，水 100 毫升，咖啡粉 3.5 克，朗姆酒 3.5 毫升，咖啡酒 8 毫升

装饰：奥利奥碎适量

■ 工具

电磁炉，钢锅，不锈钢盆，刮刀，打蛋器，蛋糕模具，纸板，刷子，抹刀，锯刀，冰箱，玻璃碗，烤箱，保鲜膜，温度计

■ 做法

❶ 芝士酱：芝士隔水加热，至能轻易戳破一个洞时停止，倒入糖粉搅匀，倒入淡奶油搅匀，倒入不锈钢盆中，包上保鲜膜，放入冰箱冷藏至稍硬取出，搅拌至顺滑。

❷ 咖啡水：水、细砂糖倒进奶锅中烧开，加入咖啡粉搅匀，倒入钢盆中凉至 50℃时倒进玻璃碗中，倒入咖啡酒、朗姆酒搅匀。

❸ 可可海绵：色拉油、牛奶倒入钢盆中搅匀，倒入可可粉，搅匀后隔水加热至 60℃倒入玻璃碗中，加入巧克力搅融。

❹ 蛋液、白砂糖倒进盆中打散，隔水加热至 40℃时，用电动打蛋器打发，倒入玻璃碗中，加入低筋面粉搅匀，倒入巧克力糊搅匀，倒入蛋糕模中，震平表面，放入烤箱，以上下火 190℃烤 40 分钟，取出，脱模。

❺ 用锯刀将蛋糕体切成 3 层，放在纸板上，刷一层咖啡水，放入冰箱冷冻至硬取出，抹上一层芝士酱，用抹刀依次叠起来，放上奥利奥碎装饰即可。

■ 关键步骤

看视频学烘焙

看视频学烘焙

培根比萨

培根做出的比萨，满满都是肉香。

■ 材料

面团: 中筋面粉 100 克,
奶粉 0.5 克, 盐 2 克,
酵母 2 克, 白砂糖 1 克,
油 8 毫升, 水 65 毫升

比萨酱: 百利茄膏 50
克,混合料 5 克(罗勒叶、
迷迭香、大蒜粉、小茴
香、百里香叶各 1 克),
洋葱 15 克, 细砂糖 1.5
克, 盐 1 克, 橄榄油 3
毫升, 水 80 毫升, 马
苏里拉 150 克, 培根、
彩椒、洋葱各适量

■ 工具

刮板,锅,刮刀,保鲜膜,
擀面杖, 叉子, 圆形模
具,小勺,烤箱,电子秤,
玻璃碗

■ 做法

❶ 中筋面粉倒在案台上, 开小窝, 分别倒入盐、酵母、奶粉、白砂糖, 搅匀, 中间开大窝, 分次倒入水, 混匀, 揉面, 稍加摔打, 揉成无粉粒状态。

❷ 将面团拉开, 在中间倒入油, 继续揉面, 稍加摔打使其混匀, 揉圆,用玻璃碗盖住静置 10～15 分钟。

❸ 比萨酱: 橄榄油、洋葱倒入锅中翻炒, 倒入百利茄膏, 继续翻炒。

❹ 倒入水煮开, 再倒入混合料继续翻炒。

❺ 倒入盐、细砂糖炒匀成浓稠状, 倒入玻璃碗中。

❻ 取出松弛的面团, 分出一个 200 克的面团, 揉圆,用保鲜膜包起来, 直到面团把保鲜膜撑起, 摸起来有弹性即可。

❼ 用擀面杖擀圆, 再用叉子叉满小洞, 放入圆形模具中铺平。

❽ 放入比萨酱, 用小勺将表面抹平, 撒上一层马苏里拉, 铺上一层培根, 再撒上适量的彩椒和洋葱。

❾ 放入预热好的烤箱, 以上下火 350℃烤 5 分钟。

■ 关键步骤

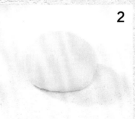

榴莲比萨

不知道从什么时候开始，很多西餐店开始流行起榴莲比萨来。喜欢的人凑近鼻子大呼"挚爱"，不喜欢的人依然是捂着鼻子躲开。

材料

面团: 酵母 1 克, 27 ~ 29℃温水 16 毫升, 中筋面粉 100 克, 玉米粒粉 5 克, 麦芽糖 2 毫升, 冰水 47 毫升, 盐 2 克

奶酪酱: 奶油芝士 50 克, 芝士片 16 克, 淡奶油 100 毫升, 牛奶 100 毫升, 黄油 10 克, 黑胡椒 1 克, 柠檬汁 2 毫升, 细砂糖 8 克, 马苏里拉奶酪 180 克, 榴莲 1 块

工具

刮刀, 电磁炉, 奶锅, 保鲜膜, 玻璃碗, 擀面杖, 烤网, 勺子, 电子秤, 石板比萨炉

做法

❶ 酵母、温水倒进麦芽糖中混匀, 中筋面粉倒在案台上开窝, 倒入玉米粒粉、冰水、盐混匀, 分次倒入酵母混合液混匀, 揉搓摔打成面团, 用玻璃碗将面团盖住, 松弛 10 ~ 15 分钟, 取出。

❷ 将面团揉圆, 用保鲜膜包起, 直到面团把保鲜膜撑起即可。

❸ 黄油、黑胡椒倒入奶锅中加热至黄油融化, 倒入淡奶油、牛奶煮开, 加入 30 克马苏里拉奶酪、奶油芝士、芝士片煮至融化, 加入细砂糖、柠檬汁搅匀后倒入玻璃碗中。

❹ 取出松弛好的面团, 撕掉保鲜膜, 用擀面杖擀开, 再用手将圆形面皮拉薄, 放在烤网上, 抹上煮开的奶酪糊, 撒一层马苏里拉奶酪, 再将榴莲肉撕成小块摆放在马苏里拉奶酪上。

❺ 将比萨生坯放入预热好的石板比萨炉中, 以上下火 350℃烤 5 分钟。

关键步骤

1

2

3

4